中国美食

舌尖上的地图

洪烛 著

中国地图出版社

图书在版编目（CIP）数据

中国美食：舌尖上的地图／洪烛著．—北京：中国地图出版社，2014.9

ISBN 978-7-5031-8419-2

Ⅰ．①中…　Ⅱ．①洪…　Ⅲ．①饮食－文化－中国　Ⅳ．①TS971

中国版本图书馆CIP数据核字（2014）第180811号

策　　划　王　毅
责任编辑　王　毅
终　　审　余　凡

中国美食：舌尖上的地图　ZhongGuo MeiShi：SheJian Shang De DiTu

出版发行	中国地图出版社		
社　　址	北京市白纸坊西街3号	经　　销	新华书店
邮政编码	100054	印　　张	16
网　　址	www.sinomaps.com	版　　次	2014年9月第1版
印刷装订	北京画中画印刷有限公司	印　　次	2019年3月北京第4次印刷
成品规格	170×240mm	定　　价	32.00元

书　　号　ISBN 978-7-5031-8419-2

自序

美食家是怎么炼成的

真正的生活肯定和美食有关。经常有朋友在聚餐时想听听我对菜肴的评价，说："你既是作家，又是美食家，没准能品尝出别样的滋味。"我只承认是饮食文化的票友，写过美食书《中国美味礼赞》，2003年被日本青土社购买了海外版权，翻译成日文全球发行。《朝日新闻》刊登日本汉学家铃木博的评论："洪烛从诗人的角度介绍中国饮食，用优美的描述、充沛的情感使中国料理成为'无国籍料理'。他对传统的食物正如对传统的文化一样，有超越时空的激情与想象力……"2006年，我的《舌尖上的狂欢》又被推出。那时候，出版者还预料不到几年后会有纪录片《舌尖上的中国》红遍天下，"舌尖"会像灯塔一样吸引眼球。2012年，我的《舌尖上的狂欢》续集《舌尖上的记忆——中国美食》再次推出。现在，又感谢中国地图出版社的王毅先生，策划并约组了我的这部书稿，我们还给它起了这个色香味俱全的书名——《中国美食：舌尖上的地图》。

虽然跑遍全中国，品尝过无数的美味，但吃完后用心去学进而会做的，没有几道。我真有古君子之风："动口而不动手"。当然，我也动手的，只不过动的是手中的笔，再无余力去掌勺了。偶尔炒几道家常菜，仅供自己玩儿，不敢请客，怕露怯、献丑。但对业余时间写的美食散文，倒不藏着掖着，并不畏惧再挑剔的读者。我有一条歪理：美食家，并不见得热爱下厨房，只要喜欢下馆子就可以。厨师手再勤，不过是食物的奴隶，而美食家动动嘴皮子（会吃且会说），依然是食物的主人。指点江山的人，不需要上火线拼刺刀。

还记得2005年，中央电视台的《中华医药》栏目，连续做几期春节食谱，邀我去主讲。我有言在先：我可不擅长从营养学的角度去剖析，要谈也谈的是这些食物跟传统文化的关系，甚至用文化来“解构”这些食物，说到底就是侃，侃晕了算！不管是把观众侃晕了，还是把自己侃晕了。主持人洪涛很惊喜，说正需要这种新风格。我就逐一评点、演绎了豆腐、竹笋、年糕、饺子、火锅等传统食品，越侃越带劲。洪涛那天没来得及吃早点，听了我的描述，既饿且馋，表情无比生动且灿烂，夸我提供了一顿精神大餐。我差点跟她开玩笑：你才是秀色可餐呢。拍摄的时间太长，过了午饭的时间。收机器的间歇，摄像师议论：听洪老师谈最后一道菜螃蟹炒年糕，正是肚子饿的时候，我的口水都快流出来，馋得差点晕过去。我觉得这是“很高的评价”。2006年春节，还是中央电视台《中华医药》栏目，做两期跟韩国电视剧《大长今》相关的美食节目，又是邀我主讲的。

最初关注或参与美食电视，以为像美食电影《满汉全席》之类，把饮食文化当王牌来打呢。细看，才知道美食之于电视节目，其实是调味品，或者说“药引子”。譬如，《舌尖上的中国》等美食纪录片，不只关注中国人的舌尖，更关注中国人的心灵。透过古今中国浓得化不开的人间烟火味，来挖掘越来越淡化的人情味。近年来电视上吸引眼球的各种美食节目，人情味都是很浓的。

中国人对美食文化，热爱到了近乎迷信的程度。不仅相信吃什么补什么、合理膳食能延年益寿，甚至相信食物搭配对怀孕生子乃至生男生女都会产生影响。中国人常说：“药补不如食补。”甚至创造了药膳。把种种药材，烹调成美食。其实，所有食物，都堪称维持我们身体健康的补药。譬如最近，小马奔腾制作的都市情感题材电视剧《食来孕转》，其实也是一桌对都市情感不无咏叹又不无滋补，不无针砭又不无疗效的药膳。发人深省，却又不至于以生硬的说教让人难以下咽。相反，在调动起舌尖上的狂欢之时，还润物细无声地搅动人的心灵，洋溢着人情的味道、家的味道。只要跟心灵相关，味就是道。只有跟心灵相关，味才能真正地变成道。网上有评论说得好：“《食来孕转》中，每个人物之间矛盾的化解不是靠争吵、争斗解决的，而是用人与人之间互相理解、互相包容所传递的细微温暖来化解的。对于市场来说，喜剧是观众易于接受的形式，笑料百出的故事也很好看。但这部电视剧中不乏温情感人的瞬间，我们更希望通过这部作品唤醒不同时代人对家的回归，让观看这部剧的观众珍惜美好的家庭生活，理解幸福的真正含义，那就是踏实地生活并认真地对待身边的人。”

瞧，这不已有人品出味道来了吗？这不就是人与人之间的相处之道、交往之道吗？这不就是人间最好的味道吗？

刚看几集，我就好奇地想了解全貌，忍不住从网上搜索剧情介绍：电视剧《食来孕转》以独特的视角描绘了“白话式、童话式、笑话式”三种风格迥异的婚姻状态，作品突破了以往婚恋育儿题材的局限，改变了以“家庭斗争”为立足点的创作方式，聚焦沈家二老及他们哺育的兄妹三人各自的情感生活，围绕中华民族根深蒂固的“家庭传承”话题，极力倡导一种以“和谐、关怀、理解”为核心的社会主流价值观，在轻松愉快的气氛和诙谐幽默的对白中直击时下最流行的婚育话题。作为一部以“食”字开头的影视作品，《食来孕转》可谓精烹细做。在剧组搭建的沈家大屋里，大到双开门的大冰箱，小到雕花木桌上古香古色的茶海，每一个道具的存在都很贴切，在浓浓的生活气息中体现出沈家主人的性格气质与生活爱好。一场吃饭的戏拍下来，说学逗唱应有尽有，一个个语言包袱在演员自然流畅的表演中抖出来……好诱人哦。看剧情介绍就能感到色香味俱全。

从一开场，沈家的那张饭桌，就成为大舞台上的小舞台。女星刘涛饰演一位坚持丁克家庭的白领丽人，在事业和生子之间陷入了“抉择”，也无形中使这个大家庭的饭桌，变成了各种人生观、价值观、婚恋观的“格斗场”。听影评人黄鑫亮说：“每周一次的沈家家宴，满满一桌子佳肴，《食来孕转》就从一个俯视的镜头将观众带入一个传统大家庭里。家宴承载的不仅是子女们的口腹之欲，也不只是家长们退休之后给自己找一个兴趣的抒发点，更是在推杯换盏、觥筹交错间用美食来寄托家长们的殷切期望。沈家目前自然是想让自己的儿媳苏桥快点怀孕、自己的女强人大女儿沈谷雨赶紧生子。美食具备三大功能，首当其冲的消除饥饿和其次的传递情感在美食纪录片里得到了尽情地渲染，美食的第三大功能也可以说是中华美食的独到之处即是养生。”

不管世态再炎凉，那些跟美食相关的电影和电视，总能让人感受到温柔、感受到温暖。温柔和温暖，永远是正能量。

再好、再长的电影或电视连续剧，都没有不散的道理。但愿能做到曲终人不散。或者说，即使观众散了，还是会不时地回想。对于任何艺术，包括影视艺术，最好最好的味道，是回味，是能让人回味无穷的味道。

越来越多的读者很好奇，向我讨教秘诀：“你是怎么由作家摇身变作美食家的？”我也时常这样问自己啊。从严格的意义上来说，这不能算转型，我并未放弃纯文学创作，只不过多了一重身份，多了一个体验生活乃至描写生活的空间。这也不能算跨界，只能算补课：真正热爱生活的作家，就该是天生的美食家。一个人，可以不知道钢铁是怎么炼成的，但不该不知道美食是怎么炼成的。这同样也是对一个作家的基本要求。美食的“美”，和美学的“美”、美文的“美”、真善美的“美”，是同一个字。

我写美食的故事，写我与美食的故事，以及我与一些同样热爱美食的人的故事，受汪曾祺影响最大。我觉得自己只算一个美食爱好者，顶多占了点会舞文弄墨的便宜。但不管是鉴赏食物，还是舞文弄墨，跟李渔、袁枚、周作人、梁实秋等一系列前辈相比，我都差得远呢！他们才是我心目中的美食家。在这两方面，我都曾经拜汪曾祺先生为师，虽然并未举办什么正式的拜师仪式。1992 年，湖北《芳草》杂志约我给汪老写一篇印象记，我就前往北京城南的汪宅，和他海阔天空聊了一个下午。一开始是谈文学，后来话题就转移了——因为彼此是江苏老乡，就议论起南方的饮食及其与北京风味的比较。

汪曾祺让我领略到他的大雅，乃至大俗；而在他身上，大雅就是大俗，大俗就是大雅。他喜欢在家中烹饪，觉得跟做文章一样刺激，讲究起承转合，讲究绘声绘色，讲究画龙点睛。这就是所谓的性格：一个人的烹调手段，跟他的写作方法息息相通。汪曾祺说自己的性格，受了老师沈从文不少的影响。而我，则受了汪曾祺的影响。我原本写诗的，自从和汪老成为忘年交之后，改写散文了。一下子就从诗化的人生转入散文化的人生。从海市蜃楼里走出来，亲近人间烟火。那段时间，经常去汪宅求教，有幸品尝到主人按江南风格烹制的菜肴，总唤起心头丝丝缕缕的乡愁，恰似烟波江上的点点帆影。

汪曾祺先生已不在了。可他送我的几册书中的美食散文，我却经常翻读。脑海里总出现这样的画面：老人慢腾腾地把一碟碟小炒，从厨房里端到客厅的圆桌上，笑眯眯地招手——“请坐吧！”真正是曲终人不散。嘿，一想起汪曾祺，我哪敢自称为美食家啊，我哪敢自称为美食散文家啊？给这位文学“大厨子”打下手的资格，都不知道够不够呢。

老一辈中如汪曾祺，是谙熟食之五味的。而且每每在文字中津津乐道，仿佛为了借助回味无穷再过把瘾。他谈故乡的野菜，什么荠菜、马齿苋、莼菜、蒌蒿、枸杞头，如数家珍，那丝丝缕缕微苦的清香仿佛逗留在唇边。谈“拼死吃河豚”所需要的勇气，“我在江阴读书两年，竟未吃过河豚，至今引为憾事”。

看来美食家不仅要有好胃口，还要有好胆量。我和汪曾祺同桌吃过饭，在座的宾客都把他视若一部毛边纸印刷的木刻菜谱，听其用不紧不慢的江浙腔调讲解每一道名菜的做法与典故，这比听他讲小说的创作还要有意思。好吃的不见得擅长烹调，但会做的必定好吃——汪曾祺先生二者兼具。

蒲黄榆的汪宅我去过两回，每回汪曾祺都是挎着菜篮送我下电梯，他顺道去自由市场。汪老的菜篮子工程，重若泰山。某台湾女作家来北京，慕名要汪老亲手做一顿饭请她吃，其中一道菜是烧小萝卜，吃了赞不绝口。汪老解释：“那当然是不难吃的：那两天正是小萝卜最好吃的时候，都长足了，但还很嫩，不糠；而且我是用干贝烧的。她说台湾没有这种水萝卜。”这话我怎么听都像菜农或正宗厨师的口吻。

从汪曾祺之口我才知晓，长沙火宫殿的臭豆腐因为一位大人物年轻时常吃而出了名，这位大人物后来还去吃过，说了一句话：“火宫殿的臭豆腐还是好吃”，以至“文化大革命”中火宫殿的影壁出现两行大字：“最高指示，火宫殿的臭豆腐还是好吃。”大人物的语气如此淳朴，我们这些文人在谈吃的时候，也没必要羞羞答答。

美食家是怎么炼成的？真正的美食，乃至美食家，还是在民间啊。

我还是做我的散兵游勇，隐于市井，在偏僻的地域和不知名的餐馆间，搜寻那些让人终生难忘的滋味。既不骗吃又不骗喝，顶多是真正被打动了，写点文字，“骗”点儿稿费，足以用来润笔兼润筷子了。

我住美术馆一带时，常去对面胡同里的悦宾菜馆小酌，模仿鲁迅住绍兴会馆时夜饮于广和居的风度。“悦宾”是北京改革开放后的第一家个体餐馆，做的菜有地道的老北京的味道。我是熟客，可老板并不知道我是个作家。我们纯粹是君子之交，或布衣之交。我写《北京的梦影星尘》一书，其中有一篇《寻找北京菜》，专门提到“悦宾”，此文又被《北京青年报》等不少报刊转载，确实给“悦宾”锦上添花了。譬如，出版人杨葵告诉我，他请刚从上海来的美女作家赵波吃饭，赵波恰巧刚买了我的书，点名要杨葵领她去“洪烛写到的悦宾菜馆”。还有一次，我在家中接到中央电视台主持人李潘的电话，她当时主持《读书时间》栏目，读书时读到我写“悦宾”的文章，一时兴起，就开车赶过来“一识庐山真面目”。她说已在“悦宾”点好菜了，问我是否有空陪她聊聊。瞧，我快成“三陪”了。朋友们一去“悦宾”，就会想到马路对面住着洪烛，就会约我过去一起坐坐。直到我搬家好几年后，偶尔还能接到类似的电话。受我影响而知道“悦宾”的这班京城男女文人，有的又为“悦宾”写过新的文章，譬如古清生的《北京：深藏不露的美食中心》：“去那里是诗人洪烛领引的，酒家看上去是一户人家，掀开门帘才发现别有洞天。我在‘悦宾’吃过道地的北京菜。据洪烛说，许多当红歌星都开着车来此处品饮……”

再去“悦宾”，老板从柜台里取出本书，说是一位慕名赶来的食客留给他的。他说最近老有新客人拿着本《北京的梦影星尘》来吃饭，他翻看到作者照片，才知道是我写的。老板很感谢，那顿饭一定要免单。其实，我都已经拿到书的版税了，还在乎这顿饭钱嘛。但老板的心意我还是领了。我也挺感谢“悦宾”的，不仅帮助我领略到老北京的滋味，还提供了一个好素材。

李潘跟我一样，忘不掉北京的悦宾菜馆了。如果她同样忘不掉在“悦宾”的第一顿饭，是跟谁一起吃的，就更好了（开个玩笑！）。她后来做一期美食节目，又想到“悦宾”了，又想到我了，特意让摄制组请我去现场解说。我说过大意如下的话：正宗的北京菜或老北京菜，不会出现在五星级的王府饭店里，而是隐藏在这不起眼的胡同深处，只要胡同还在、四合院还在，老北京的滋味就不会失传……

目录

CONTENTS

美味中国 001

美食文化 / 159

美味中国

杜甫的名句“夜雨剪春韭”，使蔬菜入诗了。原本在我们想象中，最有诗意的应当是瓜果，至于蔬菜，人间烟火的味道太浓了一些。但再俗的东西，譬如蔬菜，一旦进入诗画的领域，便显得温文尔雅了。

唐诗里的韭菜

杜甫的名句“夜雨剪春韭”，使蔬菜入诗了。原本在我们想象中，最有诗意的应当是瓜果，至于蔬菜，人间烟火的味道太浓了一些。但再俗的东西，譬如蔬菜，一旦进入诗画的领域，便显得温文尔雅了。难怪齐白石画腻了虾子之后，还清水淡墨地画一棵北京的大白菜呢，并且题词:“牡丹是花之王，荔枝是果之王，而大白菜，是蔬菜之王。”他笔下的大白菜，憨态可掬，特像四五岁的偏胖的小姑娘，穿着绿棉袄、虎头鞋，就差系一根红头绳了。我觉得比他画的那些像小子般的虾还要天真。

白石老人把大白菜封为蔬菜之王。在我心目中，大白菜顶多也就算草头王，更有王者风范及贵族血统的，应该是韭菜。它毕竟在《唐诗三百首》里出现过。李白只关心酒，并不怎么在意下酒菜。杜甫则不一样了，夜雨敲窗，他立马想到该去田畦里割一把经过洗礼的韭菜，回来炒着吃。仅仅这种愿望，就很让人陶醉。自从读到这句诗，谁若再问我春天的滋味是什么，我首先会联想到韭菜，而且最好经历过一夜细雨的淋浴，绿得像用颜料画出来的。

因为对韭菜的偏爱，杜甫在我眼中，更像一个素食主义者。他有着食草动物的温柔与悲悯。而李白那类，很明显是食肉的。

诗圣的点染，使韭菜脱颖而出，如同春天案头的供物。韭菜的绿，是最正宗的绿。剪割韭菜，钢铁的刀刃也会被它的汁液染绿的吧？还听诗人车前子谈论：“一到春天，吃也绿油油了。最绿的是韭菜。我小时候不爱吃它，觉得它是药。如不小心吞了一只铁钉到肚子里去，只要生吃一把韭菜，就能把铁钉携带到外。好像是魔术……”但我绝不会为了试验韭菜的这一“特异功能”而先吞咽一根小铁钉的。

韭菜在唐诗中扎根了，当然有资格称王。苏东坡可能不同意。他觉得荠菜更贴近春天的真谛：“春在溪头荠菜花。”对蔬菜的评比，或者说，蔬菜的排行榜，可以随时代而演变的。

荠菜花固然灿烂，其实韭菜，也会开花的。五代杨凝式，是由唐代颜柳欧褚到宋代苏黄米蔡之间的一个过渡人物，他收到友人赠送的韭菜花，立刻搭配着羊肉一起吃了，并且回信表示感激，提及“当一叶报秋之际，乃韭花逞味之始”。这封短信，也就成为中国书法史上有名的《韭花帖》。汪曾祺说：“北京现在吃涮羊肉，缺不了韭菜花，或以为这办法来自蒙古或西域回族，原来中国五代时已经有了。杨凝式是陕西人，以羊肉蘸韭菜花吃，盖始于中国西北诸省。北京的韭菜花是腌了后磨碎的，带汁。除了是吃涮羊肉必不可少的调料外，就这样单独地当咸菜吃也是可以的。熬一锅虾米皮大白菜，佐以一碟韭菜花，或臭豆腐，或卤虾酱，就着窝头、贴饼子，在北京的小家户，就是一顿不错的饭食。”他还说自己的家乡（江苏高邮）不懂得把韭菜花腌了来吃，只是在韭菜花还是骨朵儿，尚未开放时，连同掐得动的嫩茎，切为寸段，加瘦猪肉，炒了吃，这是“时菜”。

龚乃保的《冶城蔬谱》，把“早韭”列

在第一位，想是按时令的顺序："山中佳味，首称春初早韭。尝询种法于老圃云，冬月择韭本之极丰者，以土壅之，芽生土中，不见风雨。春初长四五寸，茎白叶黄，如金钗股，缕肉为脍，裹以薄饼，为春盘极品。余家每年正月八日，以时新荐寝，必备此味，犹庶人春荐韭之遗意也。秋日花亦入馔，杨少师一帖，足为生色。"所谓杨少师一帖，即前文所述杨凝式《韭花帖》也。韭菜入杜诗，韭菜花亦入杨凝式帖，够风光了。

韭菜可清炒，也炒鸡蛋、炒肉丝，或与豆芽、豆腐丝之类共同素炒。在吾乡南京，有一大发明，用韭菜炒螺蛳肉。我每每赶在春天还乡，即为了品尝此味。即使人在天涯，也念念不忘。新割的韭菜，配以挑好的珍珠大小的螺蛳肉，大火烹炒，端上桌时不仅色彩诱人，而且香气扑鼻。若是添加一把切碎的咸肉丁，味道就更醇厚了。这是一道很完美的南方乡野小炒，绝对对得起杜甫的那句诗。既有泥土的味道、春雨的味道、夜色的味道，还增添了河流的味道。就凭这道菜，能不忆江南？江南的春天不算最漫长的，却算最鲜嫩的，是春天中的春天。

我喜欢吃一切带馅的面食。无论水饺、包子，还是馅饼、春卷，最香的要算韭菜馅的。至于是猪肉韭菜馅，或鸡蛋韭菜馅，则无所谓。以前住在沙滩，北大红楼的马路斜对面，有一店铺专卖东北风味的韭菜合子。我隔三差五总要进去吃一回。韭菜合子，在平底铁锅里油煎得焦黄，热气腾腾地端上来，我轻轻在边角上咬开一口，里面的鸡蛋韭菜馅露了出来。在金黄的鸡蛋陪衬下，剁碎的韭菜，仍保持着刚从地里长出的那份碧绿。还有比这更好的谜底吗？我像中了彩一样兴奋，春天无处不在，瞧，它终于"露馅"了。

今夜，雨在哪里呢？剪刀在哪里呢？杜甫在哪里呢？我开始想念韭菜了。剪不断、理还乱的，除了爱情，就是乡愁。当然，我所谓的乡愁是很宽泛的、很模糊的，并不见得针对某一处具体的地域，它更是时间上的。韭菜，唤醒了我对唐诗的乡愁，对春天的乡愁，对某种可望而不可即的田园生活的乡愁。做一个隐士，不见得比做总统容易。做一个菜农，没准比做富翁还要幸福。本该属于我的那两亩三分地，在哪里呢？锄头、镰刀、竹编背篓，在哪里呢？唉，我的手头只剩下了一杆圆珠笔。

唐宋时的筵席

汪曾祺认为唐宋人似乎不怎么讲究大吃大喝：杜甫的《丽人行》里列叙了一些珍馐，但多系夸张想象之辞；苏东坡是个有名的馋人，但他爱吃的好像只是猪肉，他称赞"黄州好猪肉"，但还是"富者不解吃，贫者不解煮"，他爱吃猪头，也不过是煮得稀烂，最后浇一勺杏酪——烹饪的方法简单得不能再简单了……名闻天下的大诗人，在味觉上都这么容易满足，更何况平民百姓呢？"连有皇帝参加的御宴也并不丰盛，御宴有定制，每一盏酒都要有歌舞杂技，似乎这是主要的，吃喝在其次。"可见唐宋的皇帝，远远不如后来明清的皇帝贪图口腹之欲。尤其满汉全席，使中国封建时代的宫廷菜掀起了高潮——当然，也为之画上了句号。唐宗宋祖，根本无法想象或享受满汉全席那般的豪华与奢侈。他们宁愿唱唱歌，听听诗朗诵，看看文艺演出，以此来下酒，并不见得非要摆个百八十桌的。

唐宋人，在膳食方面还是挺节俭的。即使李白那样的，只要有酒就行，对下酒菜也不至于太挑剔。汪曾祺遍检《东京梦华录》、《都城纪胜》、《西湖老人繁胜录》、《梦粱录》、《武林旧事》，都没有发现宋朝人吃海参、鱼翅、燕窝的记录。他猜测：吃这种滋补性的高蛋白的海味，大概从明朝才开始。这大概和明朝人的纵欲有关系，记得鲁迅好像说过，我倒觉得，这还跟交通及沿海地区开发有关系。唐宋人奉行的主要是内陆的农牧生活方式，沿海的渔业尚未大规模发展起来，即使他们真爱吃生猛海鲜，长途贩运到首都或内地的大城市也极其不便。总不能每一趟都像给杨贵妃送荔枝那样快马加鞭吧？因为地理位置等客观因素，唐宋人未能培养起对海鲜的嗜好。到了明朝可就大不一样，试想郑和七下西洋，远洋船队何其发达，给皇亲国戚捎回点稀罕的海味，还不是举手之劳！况且大明一开始建都于南京，本来就离海不远，坐江山的又是南方人，饮食风俗自然要异于唐宋。

唐宋人，虽然也算富裕，但在口福方面，确实比明清人要差一大截。总体感觉还是很“农民”。譬如《水浒传》里，把大碗喝酒大块吃肉就视为幸福了。

我曾在北京蒲黄榆汪宅向汪老讨教过这一问题。为了增强说服力，汪曾祺特意举了例子，五代顾闳中所绘《韩熙载夜宴图》：主人客人面前案上所列的食物不过八品，四个高足的浅碗，四个小碟子，有一碗是白色的圆球形的东西，有点像芽面滚了米粒的蓑衣丸子，有一碗颜色是鲜红的，很惹眼，用放大镜细看，不过是几个带蒂的柿子！其余的看不清是什么……汪曾祺当时翻出了印在一部精装书里的这幅名画，让我也拿放大镜照照，我端详半天，直恨自己的肉眼无法穿透纸张与时间，参与远处那古老的夜宴。那一高一矮的两张茶几

上，搁置的大大小小的碗碟里，陈列着一些业已失传的食物，色彩依旧那么鲜艳，码放得依旧那么整齐，似乎没谁动过筷子。它们保持着刚刚端上桌时那种滋润的状态，更像是献给苍茫岁月的供品。

这确是一次简朴而清爽的晚餐。所谓夜宴，带点夜宵的性质。陶瓷餐具里盛放的，很明显不是什么油腻的鸡鸭鱼肉，而是造型独特的面点及干鲜果类。精致的酒壶置于案头，也很像是摆设。峨冠锦袍的主人及几位宾客，醉翁之意不在酒也，既没顾上夹菜，也没有不停地斟酒，而是从不同位置转身、侧目，将视线不约而同地投向画卷的角落，那里有一位美女在坐弹琵琶。这位美女的服饰、发型、面妆，跟近代日本的艺伎极其相似。或许此即日本艺伎无限神往并刻意模仿的唐风吧。

有了一把琵琶作为道具，整幅画面，无声胜有声。我简直怀疑这乐器是从白居易的诗篇里遗传下来的。

是琵琶女的音乐，而不是画家的笔，施行了定身法，使盛情相招的主人、赴宴的宾客乃至陪侍的婢女，全部凝固在无比陶醉的那一瞬间。在千年之后，仍然保持着凝视与倾听的姿态。

也同样是音乐，而不是美酒，灌醉了画中的人物。

有幸参加这次著名的夜宴的，绝非酒色之徒，他们衣冠楚楚、气质高雅，只有这样，才会忘我地受蛊于艺术的感染力，才会因为一曲余音绕梁的仙乐而三月不知肉味。他们之间的关系，也绝非酒肉朋友，而是心有灵犀，心心相印，闻高山流水而知音也。

琵琶女虽置身于画面一角，但那个角落无比辉煌，比美酒还要醇厚的音乐，在她轻拢慢捻的指间诞生。分明是她，而不是韩熙载，在宴请着大家（包括千百年来的无数看客）。餐桌上的食品虽简单，但依然称得上是盛宴。她才是这一席音乐盛宴的真正主人。

这是集口福、耳福、眼福于一体的盛宴。可惜我是迟到的赴宴者。留给我的，只能是间接的眼福了。但已足够丰盛了。第一次，我被中国画里的吃，深深感动了。

如果天下真有不散的筵席，这就是了！

酒香不散，灯火不散，欢迎不散，音乐不散。

即使曲终，人也不散。人情也不散。

他们，和她们，生命就这样停顿了，就这样延续了，就这样变得永恒了。

我想，如果这幅画里琵琶女缺席，夜宴的气氛肯定要大打折扣，所有人物的身姿、眼神、表情肯定要大打折扣，所有人物的身姿、眼神、表情都将改变。纯粹为吃喝而吃喝，似乎不属于唐宋人（尤其贵族）的风格。他们或许不讲究菜肴的品种或贵贱，但很在乎饮酒时的氛围，譬如背景音乐呀什么的。你可以说他们对饮食的态度很随意，很简朴，也可以说他们很苛刻：还另有一种形而上的追求。宁愿用一个好厨子去换一个好歌手、好舞女。《韩熙载夜宴图》更多的是在表现视觉、听觉上的大餐，味觉已暂时"退居二线"了。

汪曾祺读画时颇多心得："宋朝人好像实行的是'分食制'……《韩熙载夜宴图》上画的也是各人一份，不像后来大家合坐一桌，大盘大碗，筷子勺子一起来。这一点是颇合卫生的，因不易传染肝火。"在这幅画里，菜肴固然是分食的，音乐却是共享的。所有人的注意力，都被角落里的那把琵琶给吸引了。他们忘掉了自我，忘掉了别人，忘掉了物质的种种形式，还忘掉了今夕何夕，而全身心地投入一场流芳百世的精神会餐。他们正是在这种忘却中得到永生。

汪曾祺还说："宋朝人饮酒和后来有些不同的，是总有些鲜果干果，如柑、梨、蔗、柿、炒栗子、新银杏，以及莴苣之类的菜蔬和玛瑙汤、泽州汤之类的糖稀。《水浒传》所谓'铺下果子按酒'，即指此类东西。"《韩熙载夜宴图》里，每位食客面前所摆的四大碗四小碟，有几个就属于果盘，除了已被辨认出的带蒂的柿子之外，可能还有别的干鲜果类。不知从什么时候开始，中国人开始酷爱用大鱼大肉下酒，而不怎么青睐这些干果鲜果了，常常只作为冷盘象征性地摆一摆，就撤走，换热菜了。现代人唯一保留下来的，好像只是花生米。至今仍喜欢用油炸或水煮的花生米下酒，似乎是唐宋人口味的遗传基因在起作用。

中国画里的吃，挺有意思的。《韩熙载夜宴图》打开了我的兴趣之门。我四处查找，仔细阅读了《春夜宴桃李园图》、《杏园雅集图》、《紫光阁赐宴图》、《重萃宫小宴图》、《史太君两宴大观园（年画）》。还有《春夜宴图》。甚至河南禹州市出土的宋墓壁画《宴饮图》，也使我端详良久：夫妻俩隔桌而坐，男的穿着官服（估计也就一县太爷吧），女的梳着高髻，中间的餐桌上摆着一火锅及各自的酒具，大有举案齐眉相敬如宾的意思，屏风外面有几位金童玉女侍候着，正络绎不绝地端来冷盘热炒……这幅壁画最让我感动的地方，是记载了日常生活的脉脉温情，却是画在坟墓里的；墓的男女主人，似乎执意要把此生的炊烟袅袅，带进地狱里，为来世提供见证。这真是一对幸福的死者，即使在九泉之下，也不会感到饥饿，不会感到贫困，不会感到寂寞。从生到死，也许只相当于一顿饭的工夫。但这顿饭在他们死后，仍然继续。凡人的生活，就是在柴米油盐中酿造诗情画意。只有唐玄宗杨贵妃那样的乱世鸳鸯，才会在被惊破的霓裳羽衣舞中苦吟长恨歌呢。越豪华的梦，越容易露出破绽，也越容易打上补丁。

古画里的吃，之所以让我慨叹不已，就在于它表现了不散的筵席。它描绘了吃，又超脱了吃，甚至还超脱了生死。它把生命的一些乐趣，永久地保持在线条与色彩之中。画中人物的原型，早已消失了。置身事外的画家，也已消失。然而筵席不散，纸张的深处灯火通明。

中国人原本拒绝相信世上有不散的筵席，所以才希望今朝有酒今朝醉，莫使金樽空对月。然而，看看我举例的这一系列古画吧，你就会相信了。

艺术的伟大，正在于此。没有哪个厨子，能真正烹饪出一桌穿越苍茫岁月而保鲜的席，更无法保证自己的食客在品尝之后长生不老。他应该向画家甘拜下风，画家做到这点了。画家的颜料是最好的调料，不仅使筵席无限期地持续下去，而且使赴宴的人们栩栩如生。

在画家的笔下赴宴的人，是有福的。他接受的是主人与画家现实与艺术的双重邀请。

《韩熙载夜宴图》场景在室内，屏风、桌椅乃至两张炕床，全画出来了。还有一幅我喜爱的中国画《春夜宴桃李园图》，场景则是在露天。顾名思义，是在种满桃李的果园里。整体氛围也就多了点隐逸的味道。虽然围桌而坐的四位男子，依然穿着官服，但很明显已“偷得浮生半日闲”，在浓荫下笑谈畅饮。身后还有几位侍女，沏茶斟酒，忙个不停。长条形餐桌两端，各有两盏点蜡烛、带灯罩的风灯照明，旁边的茶几上，也支起枝形的烛台，光线总的来说还可以。在这样的光线下，很适合看步步莲花的仕女，有一种朦胧的美。碗碟里的菜肴却显得不够清晰，我费了半天劲，也辨别不出是哪些美食。好在春夜的暖风、桃李的芬芳、美人的倩影已力透纸背，说得野炊——食物本身反而成了点缀性的道具。关键是要有好天气，要有好心情，要有好朋友——这一顿饭，就足够圆满了。

不知为什么，《春夜宴桃李园

图》使我联想到法国画家马奈的代表作《草地上的午餐》。都是在露天，草木之间，都是良辰美景，况且也都有美人，构成风景里的活风景、软风景。看来不散的筵席挺多的，至少在东西方都有。

这哥儿几个真会享受人生呀，挺让人羡慕的，瞧他们在天地之间怡然自得的小样儿，你会觉得自己白活了。

可这几个古人绝对没有白活。他们活得带劲得很了。

我都想上前套套近乎，挤进画面里，跟几位古代哥们，讨一杯酒喝。

他们不会不带我玩吧?

最后想补充一点：韩熙载大宴宾客，夜夜笙歌，据说是出于自我保护的一种伪装，显得沉醉于酒色，玩物厌志，不再有任何政治上的野心，其实是在"作秀"，表演给多疑的领导——南唐后主李煜派来偷窥的"特务"看的。这一层用意恐怕只有他本人知晓，座上客都被蒙在鼓里。那个时代没有照相机或针孔摄像头，画家如实描摹下宴会的情景，回去向皇帝交差，无形中倒救了韩熙载一命。皇帝一看，放心了："这老家伙算是废了，构不成什么威胁。就由他花天酒地去吧。"

听说这个典故之后，我下意识地打了个冷战。甭看韩熙载表面上淡泊名利、闲散浪漫，活得其实并不轻松呀。《韩熙载夜宴图》在伟大的艺术幕后，还潜伏着丑恶的政治。比充满阴谋的鸿门宴，强不到哪里。只不过它促成了一幅名画的诞生：政治的惊险，演化为艺术的安详。韩熙载为了保命，在拿美酒、歌舞、微笑斗智斗勇呀，挺让知情者替他捏把汗的。

反正他家我是不愿去的。何必蹚浑水呢。琵琶虽好，弹奏的却像是《十面埋伏》——当你了解画面背后的故事之后，酒菜、音乐，全变味了，连空气都变得紧张。

所以，跟《韩熙载夜宴图》相比，我更偏爱《春夜宴桃李园图》，那才是我最想去的地方，最想结交的人物，最想参与的故事。那才叫真放松。

老祖宗的宝贝：药膳

药也完全可以做得好吃一些。少小时多病，却不畏惧止咳糖浆。长大后喝可口可乐，觉得有似曾相识的味道。听人说可口可乐的发明，参考了止咳糖浆的配方，不知是否可信？报纸上倒确实介绍过：将可口可乐加生姜片煮沸了喝，对防治感冒有效。还有一种川贝枇杷露，黏稠甜香，儿时我常偷偷倒一汤匙含在口中，慢慢品味，代替糖果。邻居大叔，是个烟民，为止咳，他总是用文火煨一只完整的大鸭梨，汤水里加了冰糖。不知该算作药呢，还是甜羹？正如我分不清他煮梨的器皿，用的砂锅，抑或中药罐？

中国的食文化与药文化，息息相通，并非泾渭分明。口服的中药，虽然不像餐饮那样讲究色香味，但也会考虑到患者的感受。仅就制作过程而言，熬煮草药（或称煎药），也相当于煲汤吧。广东人文火慢炖一锅滋补的靓汤，简直像老中医一样耐心。很多东西，既是药材，又是食材，譬如人参、枸杞、薄荷、陈皮、茯苓、百合、杏仁，等等。

中国人常说："药补不如食补。"甚至创造了药膳。把种种药材，烹调成美食。其实，所有食物，都堪称维持我们身体健康的补药。我读到周春才编著的《中医药食图典》，其中一段话让人很有感触："中医药食学说，即药物与饮食关系的学说。在中医中，药食同源，药食互补，药食互用，药与食之间没有严格的界限，将二者配合起来，用以养生治病，是中医的一个显著特色。"药食同源，正如中国文化中的诗画同源，诗中有画或画中有诗，才是最高境界。

"松下问童子，言师采药去。"每读这首古诗，我首先想到的不是那仙风道骨的隐士，而是神农氏。他是所有药师的祖宗。神农尝百草，这些植物的特征与特性都被记录到《神农本草经》中。他究竟是在采药呢，还是在找吃的？是为了治病呢，还是为了充饥？你从《神农本草经》里，会发现我们日常食用的五谷杂粮、瓜果蔬菜。譬如提到豆芽（"大豆黄卷"）主治风湿和膝痛。神农的身份是多重的，既是菜农、美食家，又是第一位老中医。

我案头堆放着许多与美食相关的古籍：袁枚的《随园食单》、李渔的《闲情偶寄》、段成式的《酉阳杂俎》、张岱的《夜航船》，乃至《东京梦华录》、《扬州画舫录》、《梦粱录》之类。近来，又添加了一本明代中医李时珍的《本草纲目》。李时珍不算美食家，可《本草纲目》中，不乏野菜、蔬菜的知识。李时珍把荠菜称作"护生草"，并且考证："荠有大小数种。小荠叶花茎扁，味美，其最细小者，名沙荠也。大荠科叶皆大，而味不及，其茎硬有毛者，名菥蓂，味不甚佳。"哪像药书呀，更像是食谱。再看《本草纲目》如何介绍马兰头（我在老家南京常吃的野菜）："马兰，湖泽卑湿处甚多，二月生苗，赤茎白根，长叶有刻齿状，似泽兰，但不香尔。南人多采沩晒干，为蔬及馒馅。"都在教你以马兰为馅做菜包子了。这算哪味药呢？

药膳，善哉。善哉，药膳。

我的朋友车前子，原名顾盼，儿时体弱多病，因而特意用一味中药材做笔名。他既懂中医，又擅长烹饪，虽没开过诊所，却当过餐馆老板。他直言不讳地指出“许多蔬菜都是药”，“药是一种性，物在性在，物不在性也在。有的蔬菜就直接带了‘药’字，如‘药芹’，还有‘山药’。山西有个文学流派叫‘山药蛋派’，看来它的宗旨不但是治饿，还要治病。这就是现实主义的好处。马兰头能明目，枸杞子可清火。春天的菜大致都是这个药性”。他还认为孔圣人教人多识草虫鸟兽之名，而草虫鸟兽就是我们中医体系中的药；以一个中医的眼光入世，天涯何处无药呢？“中国人吃中药，仿佛不用翻译，这样在感觉上自然直接：像读原作一般。吃西药就好像读翻译作品”。吃西餐，不也是如此吗？我的舌头、胃，总觉得有所隔阂。

我这人，并非真想当文学家，更想做的是美食家。动筷子时，觉得比耍笔杆子痛快多了，简直淋漓尽致。我知道自己患了一种病，一种不露痕迹的慢性病，那就是馋。馋是我的一块心病。久病成医，为了解馋，我总想方设法找一些鲜美的东西来满足自己，也算对症下药吧。这种药，其实没有人不爱吃，俗称“打牙祭”。

美食是我解馋的药材，菜谱是我治病的药方。有时，我会不厌其烦地躲在厨房里，像做化学实验一样煎炒烹炸，照着菜谱上的说明：放几两料酒、酱油，几钱盐或味精……力求精确，恨不得拿中药房的那种小杆秤称一称。家里人问我：“你老待在里面干啥呢？”我用食指掩住嘴唇：嘘，我在配药呢。这么看来，我夹菜下酒时，就是在服药了。馋是一种瘾，一种无法根治的病。而“服药”的过程，真过瘾，真带劲。药到病除啊——哪怕是暂时的。天长日久，我做得一手好菜。我知道自己哪儿疼哪儿痒，缺什么补什么。我既是病人，又是神医。去菜市场采购，也跟逛中药铺似的，目标很明确，出手很大方。怎么办呢，我要救自己呀！哪顾得上讨价还价。那样的人，绝对没有真“犯病”。

和我病情相似的有李渔（号笠翁）。虽然处于不同的时代，我们却犯了同样的毛病，他甚至比我更馋、更严重。他嗜蟹如命，“予于饮食之美，无一物不能言之，且无一物不穷其想象，竭其幽渺而言之。独于蟹螯一物，心能嗜之，口能甘之，无论终身一日，皆不能忘之。”每年蟹季还未到来，他就早早地存好了钱，家属因他把食蟹看作性命，称此钱为“买命钱”。从蟹上市直至下市，他每天都不放过食此美味的机会，特意把九十月叫作“蟹秋”。因为螃蟹的缘故，四季中他最钟爱、期待秋天。在他心目中，秋天比春天更有诱惑力。螃蟹使他上瘾了，螃蟹之于他，又是救命的良药。

其实这是一种古老的遗传病。早在隋朝，炀帝幸江都（扬州），必吃蟹。“吴中贡糟蟹、糖蟹。每进御，则上旋洁拭壳面，以金缕龙凤花云贴其上。”说个笑话：隋炀帝挖大运河的动机之一，没准就是为了下江南吃蟹方便（这比后来的杨贵妃坐待荔枝更舍得下本钱）。

晋代时，有个视蟹为最佳下酒菜的毕茂世。他四处宣扬自己的人生理想；“得酒满百斛船，四时甘味置两头，右手持酒杯，左手持蟹螯，拍浮酒船中，便足了一生矣。”他也有馋的毛病，却挺懂得自我治疗、自我救助。那满载美

食的酒船，无疑是茫茫苦海中的救生船。魏晋风度，就是厉害，真让如我这样的后辈仰慕。难怪鲁迅先生，要写一篇文章，标题叫作《魏晋风度及文章与药及酒之关系》。

魏晋风度、文章、药、酒，有着密切的联系。无论止渴、止痒、止痛抑或解馋、解忧，都是在治病，治肉体上或精神上的一些尴尬。

绿豆长出绿豆芽

在韩国电视剧《大长今》里，长今的母亲是皇宫里御膳厨房的宫女，后来遭受宫廷黑暗势力迫害，被强行灌进了有剧毒的附子汤。幸亏宫里的好朋友紧急关头在厨房里找到一种汤水，给长今的母亲喝下，正是这种汤水解掉了附子汤的毒性，使她起死回生。这种奇妙的汤水其实是用最普通的绿豆煮出来的绿豆汤。

根据中医药食观点，绿色的东西大都性寒，可以清热；红色的东西性热，用以温补。绿豆与红豆虽同属豆类，属性上却有区别。说到红豆，人们会想起唐朝王维的诗句“此物最相思”，因而又有“相思豆”之美称。绿豆也许不如红豆那么浪漫，附丽着浓郁的人文色彩，但它味甘性寒，可以加速有毒物质在体内的代谢转化向外排泄，具有解除百毒的功效。

中国古代的皇帝梦想长生不老，千方百计寻求灵丹妙药，因而发展了炼丹术。炼制的所谓仙丹主要是汞、铅、铜一类的化合物，这些物质不仅无法使人延年益寿，一旦通过呼吸进入人体，还很容易发生腹病、呕吐等中毒现象。当时的炼丹之士在烟熏火燎中为避免中毒，常将具有清热解毒功效的绿豆煮水饮用。人造的灵丹不灵，反而是绿豆——这自然界的灵丹，百试不爽。现代社会，置身于化工厂、冶金厂等特殊工作环境的人仍然面临吸入重金属物质的危险，即使普通人，也难以避免吸入汽车排放的尾气、室内装修的有毒气体，为抵御各种空气污染物的侵害，绿豆汤仍然是我们手中古老的法宝。

绿豆还有一种衍生产物：绿豆芽，与笋、菌并列为素食鲜味三霸。绿豆芽又叫如意菜，可谓青出于蓝而胜于蓝。

绿豆芽能那么鲜美，它的原形绿豆，也不会难吃。小时候过年，很爱吃一种油汪汪的绿豆糕，觉得那是天底下最有滋味的食物。汪曾祺评比各地绿豆糕，觉得昆明吉庆祥和苏州采芝斋的绿豆糕最好，油重，且加了玫瑰花；而北京的绿豆糕不加油，是干的，吃起来噎人。只是，好久未吃到了，不知道商店里是否还有卖的？买的人还多吗？现在，食物的品种越来越多，反而让人很难对某一种食物留下很深印象。而过去那个物质并不丰富的时代，总有那么几种食物，让我们一辈子念念不忘。一想起这些食物，就口有余香。

汪曾祺认为绿豆的最大用途是做粉丝：“粉丝好像是中国的特产，外国名之曰玻璃面条……华侨很爱吃粉丝，

大概这会引起他们的故国之思，每年国内要远销大量粉丝到东南亚各地，一律称为‘龙口细粉’。”粉丝粉丝，丝丝缕缕，其实完全可以把粉丝的“丝”改换为思念的“思”。或者说，粉丝之思。

宝玉吃松子

小时候看到过这样的动画片或漫画：一只可爱的松鼠，蹲坐在树枝上，捧着松果，愉快地啃食着松子，就像人类嗑瓜子一样轻松、随意。那一定是它的开心果，瞧它越吃越高兴，蓬松而粗大的尾巴都快翘到天上了。

其实松子不仅是松鼠的至爱，也是人的美食。《红楼梦》里的贾宝玉，不仅爱吃美女嘴上的口红，也爱吃松子。宝玉经常偷跑到袭人老家玩耍，袭人姑娘就细心地剥开松子、吹去薄皮，用手帕托着送到宝玉手上。这哪是松子，分明是姑娘袒露的一颗爱心，宝玉能不喜欢吗？松子有滋补养颜的作用，不知道是不是因为多吃了松子，才使得美男子贾宝玉更美了。多情公子贾宝玉，本身就像一只在大观园里梦游的松鼠，活蹦乱跳，乐此不疲地嗑开一个个姑娘的芳心。

说起松子，便想到一道大众菜——松仁玉米，几乎每家餐馆的菜单上都有。玉米甜、松子香，香甜交加，雅俗共赏，虽是炒菜，却颇像可口的零食。

江南人吃甜羹，譬如八宝粥，喜欢在上面薄薄地撒一层松子。松子也是最出彩的，余香满口。唐朝的食疗食品长生粥，据说也是这种做法。

江南人过年还爱吃松子糖。三角形的松子糖，冰糖包裹着密密麻麻的松子，在那清贫的年代，用李逵的话说“口里能淡出鸟来”，人们自然觉得糖果是天下最好吃的东西，而松子糖又是糖果里最好吃的。一个春节过下来，又开始上课了，小朋友的嘴里都是松子的香气。

松子还可以酿酒或泡酒。西方有一种名酒，好像叫杜松酒（但此酒似与松子没什么关系）。

端午艾草香

小时候，每年端午节这天，母亲都会在家门口挂上艾草。端午是农历五月的第一个节日，阳气至极、万物茂盛，于是要避毒，预防阴疾。“此日采众药，以除毒气”，艾草正是首选。医家说“杏乃中医之花，艾乃中医之草”，早在三千年前人们就懂得采集艾草治病。艾草有八十多种功效，被誉为中草药钻石，可治百病。谚语说得好：“七年之病，求三年之艾”。用艾草来祛风散寒，可解除风寒之苦。

端午节粽子的品种很多，比如甜粽子里加入些许薄荷，还有用艾草浸米的，叫艾香粽子。特殊的香气渗透进米粒，又有防病解毒的效果，堪称最古老的药膳了。

中国传统医学认为：人类的疾病，实质上就是人与自然失去了和谐关系或平衡关系所致。人与天地万物不协调了，就要通过取用自然的植物、矿物、动物，来达到新的平衡。艾草在端午节受到重用，也是为了顺应天时地利。采摘

和悬挂艾草，既为了避病邪解瘟毒，也为留存日后当药用。端午一过，天气变得炎热，蚊蝇等害虫开始滋生、传播疾病。艾草具有抑制细菌传播的功效，仿佛也成了人们在苦夏里的救星。人们常把某些清热解毒的中药称为“天然的抗菌药”，艾草就是其中之一。

芹菜：厨房里的药物

芹菜是一种很古老的蔬菜。神农尝百草，应该包括野芹，又叫药芹。芹菜的根、茎、叶都能食用以及药用，被称为“厨房里的药物”。神农氏既是中华民族的农业之神，又是医药之神，很难说他拎着锄头、竹篓满世界转悠，是在采药呢，还是摘菜？中医认为药食同源、药食互补、药食互用。又说药补不如食补，食补能起到事半功倍的效果。芹菜中的芹菜碱，有明显的降血压和减脂作用。用各种手法烹饪芹菜，你会觉得比生吞那些药片药丸强多了，甚至还可以慢慢享受这种香脆的口感。做个懂得动植物药性、药理的美食家，也比单纯做个老中医强多了。连服药的过程都可以很艺术、很技巧地玩味，哪是在服药呀，分明是饕餮。

芹菜是很有诗意的植物，因为它不仅出现在《本草纲目》里，更出现在《诗经》里：“芹楚葵也。”被古人别称为楚地之葵。葵在当时并不是指向日葵，而是指冬苋菜，古代的一种主要蔬菜，元朝的《农书》称葵为百菜之王。芹菜被视为楚葵，正如作为葵之一种的木耳菜，本名落葵。可见它很早就作为蔬菜，出现在中国百姓的餐桌上。

秦始皇时代的吕不韦，看来也挺嗜好这一口。《吕氏春秋》里对芹菜大加推崇："秋菜之美者，有云梦之芹。"云梦即云梦泽，属于楚地。湖南湖北一带的芹菜，看来当时在统一后的全中国都很出名。

有人认为芹菜是由丝绸之路从西方传入中国，其实是指的那种粗大健硕的西芹。我可一点没觉得芹菜算啥进口货、舶来品。干吗要拿好端端的丝绸去换啥芹菜？咱中国早就有土生土长的芹菜了，而且味道一点也不差。不信你就去翻翻《诗经》，翻翻《本草》。

最爱吃芹菜的，要算唐朝著名的丞相魏征。他总是不近人情、直言进谏，连唐太宗有时都有点怵他，问负责内务的大臣，有啥好东西能使这个倔脾气的魏老头动真情？内臣回答：魏征在见到芹菜时，会流露出馋相，每吃时必定下意识地喜形于色、咂嘴称快，唯独此处可见其真。唐太宗想这好办，于是请魏征吃饭，满桌佳肴，其中有三碗芹菜，魏征眉飞色舞地吃得净光，几乎都没动别的菜。太宗当即指出："你总是自称无所嗜好，并且也要我这么做。可我今天亲眼见你特别爱芹菜。连你都有嗜好，更何况别人呢？"魏征这才知道皇上赐饭是有用意的，也忍不住地乐了。

苦荞不苦：荞麦

南米北面。说的是南方人爱吃米饭，北方人爱吃面食。南方人也用稻米做成米粉、元宵、米豆腐之类，变换的花样总不如北方面食的品种多。

五谷杂粮，荞麦很明显相当于粗粮。粗粮也可细做，成为很讲究的美食。荞麦可以煮粥，风味独特，还可做成面条，等等。腊八粥里用尽各种谷物、豆类、干鲜果品，却很少有搁荞麦的，不知为什么？是因为它稀缺，还是因为其味苦涩，不适宜加入“甜蜜大合唱”？

荞麦挺古老的。古书《图经本草》有荞麦“实肠胃、益气力”的记载。另一部书《植物名实图考》，说荞麦“性能消积，俗呼净肠草”。由“净肠草”这个外号来看，古人没怎么把它当成粮食，而视同草芥。荞麦有淡淡的清苦味，又叫苦荞。菜里面有苦菜、苦瓜，面食里也有苦荞面。酸甜苦辣咸，苦是中医五味之一。荞麦中的苦味素具有清热败火健胃的作用。苦荞之苦，并不是真苦，它是一种很有益的药食。尼泊尔人高血脂患病率极低，科学家研究其饮食习惯发现，当地人极爱吃荞麦及其嫩茎叶。我国凉山彝族人民长期以苦荞为主食，尽管生活条件艰苦，但健康状况很好，患高血压、高血脂、糖尿病及心脑血管疾病的极少。看来也是靠苦荞保佑？

忆苦饭，用荞麦是合适的。过去的年代，忆苦思甜，为了受教育。可前几年北京还出现过一批专以困难时期的食物为主题的特色餐馆，譬如吃各种杂粮，棒子面贴饼子窝窝头菜团子，全招呼。忆苦已不是为了思甜，而是甜腻了，甜过头了，想改换口味，吃点苦头了。这能不能叫作自讨苦吃？

真有意思，现在糖果巧克力满大街都是，人们偏偏还要踏破铁鞋去找苦吃。看来苦比甜更难得。

还有谁想吃苦的？我这就给您下一碗苦荞面，没菜，连黄瓜蘸大酱都没有——顶多再凉拌一盘苦瓜，让您苦上加苦。您呀也别当吃饭，就当漱漱口吧。是啊，老那么甜蜜蜜的，如胶似漆，谁受得了？苦比甜可刺激多了，带劲多了。

萝卜：蔬菜中的王者

齐白石说荔枝为水果之王，白菜为蔬菜之王。但更早的版本，譬如《本草纲目》中，水果之王是桂圆，蔬菜之王是萝卜。萝卜有多种，最好的是白萝卜，雅称象牙白。还有紫红的萝卜，叫心里美，另有青萝卜、胡萝卜，等等。北京的小水萝卜，在江苏一带又叫杨花萝卜，名字更有诗意了，表明它是杨花飞舞时节上市的。

萝卜性平微寒，具有消食化积、增进食欲的功效。既是蔬菜中的王者，又可当作水果生吃。在旧社会，它又是穷人的水果。荔枝、苹果、梨等水果偏甜，而萝卜口感清脆爽口。民间有“十月萝卜小人参”、“冬食萝卜夏吃姜，不劳医生开药方”之说。萝卜中维生素的含量比一般水果还多。萝卜制成泡菜或腌萝卜干，开胃。

北京老字号致美斋，最初是点心铺，所制萝卜丝饼曾风行一时。但萝卜丝饼做得最好的，也可能是最早的，在苏州扬州一带：以萝卜丝加荤油、葱、盐为馅，以清油和面起酥，出炉趁热吃，香得人下巴都快掉了。如能搁点正宗的金华火腿丝，就更棒了。

用切块的萝卜炖肉或烧汤，是

中国老百姓的家常菜。

我童年时在南京，常吃一种铜钱般大小的红皮微型萝卜，用菜刀拍裂，加糖醋凉拌。不知它属于萝卜中的哪一品种？只记得它也是大人们下酒的凉菜。爱那种脆劲儿，似乎比凉拌海蜇头还受欢迎。

大头菜有个浪漫的名字：芜菁

听到大头菜，感到倍儿亲切。我童年时常去咸菜铺子买腌制好的大头菜，上面已用机器切好了印痕，可一片片撕下来。江南人家早晨喜欢吃开水泡饭，或隔宿的剩饭熬的粥，搭着大头菜最合适了。

《菜根谭》里是否谈到大头菜？古人说咬得菜根，则百事可做。即人要能吃苦，不以物喜不以己悲，即使物质生活很清贫，精神上也要有志气。我骄傲自己是咬着大头菜长大的。这种菜根真够结实的，你说嚼菜根的我，能不结实吗？

大头菜还有个浪漫的名字：芜菁。像琼瑶小说里女主角的芳名。其实它早在几千年前就被人们发现并食用了，又有个土里土气的乳名：疙瘩菜。相传三国时期，诸葛亮在荆州大量种植从头到尾都可充饥的芜菁，解决了部队缺乏军粮的困扰。某些地方，又称之为诸葛菜。

大头菜居然跟中国最著名的智囊诸葛亮扯上了关系。它虽然长相土气，像刚进城的乡下人，但看来还是很有头脑的。

地道北方人，首要学吃蒜

中医讲究五味，即酸甜苦咸辛。大蒜属于辛辣一类。大蒜中的蒜素可以消炎杀菌，并且增强人体的免疫力。《后汉书》记载，神医华佗用蒜醋为濒死病人驱除腹内寄生虫。夏子盖的《奇迹方》提及：半两蒜汁，和酒吞服，可治高烧。大蒜确实是食物中的一个奇迹——天然的药物。科学家指出：大蒜含有400多种有益身体健康的物质，如果人想活到90岁，大蒜应该是食物的基本组成部分。大蒜的营养价值还高于人参，应列为保健品之首。

在北方，人们吃水饺、面条之类，喜欢剥几颗蒜瓣生吃。江南美食家汪曾祺初到北方，有一天起晚了，早饭已经开过，他就到厨房里和几位炊事员一块吃。那天吃的是炸油饼，炊事员们吃油饼就蒜。汪曾祺感叹：“吃油饼哪有就蒜的！”一个河南籍炊事员说：“嘿！你试试。”看来要做个地道的北方人，首先要学会吃蒜。

大蒜不仅在中国畅销，欧洲人更爱吃。世界上首家大蒜研究所在德国成立。德国人几乎都爱吃大蒜，年消耗量近万吨，还经常举办欧洲大蒜节。

中国的端午节，说是为屈原过节，其实是为粽子过节。近年来中国更多的是火腿节螃蟹节龙虾节什么的。欧洲倒好，率先为大蒜过节了，可见爱之极深。中国人也该像学欧洲人办电影节一样，什么时候办一回大蒜节？哪怕是以华佗的名义。

妈妈做的菜：海带炖排骨

传说秦始皇为寻找长生不老药，派徐福带着五百童男童女出东海去蓬莱仙山。徐福的船队或许不如后来郑和的船队那么壮观，但还真在梦想中的海市蜃楼登陆了——也就是现在的日本。找到的所谓长生不老药，就是海带。也不知是否给大陆上的秦始皇捎回来了？但这一批童男童女，留在岛国，每天都有海鲜、海味吃，居然不想回家了。异乡的美食，很容易让人乐不思蜀。

秦始皇的美梦只是一个空想，海带也不能使人永生，但营养价值确实很高，因为它吸收了海洋里的许多微量元素，富含胶质、矿物质，而且绝对属于绿色环保食品，比炼丹炉里人工炼制的所谓灵丹妙药强多了，也灵多了。

直到现在，日本人、韩国人都很爱吃海带。韩国人过生日时有个讲究：必须要喝海带汤。

我自小在内陆长大，也爱吃海带做的菜，仿佛就此能跟远方的海洋沾上点裙带关系。海带的清香使我在想象中呼吸到隐约的海风，汤汁里那种清新的自然咸味，也令我联想到缥缈的海水。咀嚼着海带，海水便在我舌尖涨潮，船舶在我嘴唇靠岸。即使听到“一衣带水”这个成语，也觉得是为海带而创造的形容词。我把海带当作大海的礼物来看待。对于我个人而言，这是一顿圣餐。不管以何种方式与海洋亲近，都是神圣的。

正如醉翁之意不在酒，食客之意，也不仅仅局限于菜，还牵涉饮食时的心情，包括回忆与想象。我之所以热爱海带，还在于它是我妈妈的拿手菜。小时候，妈妈总是为我一锅接一锅地用海带炖排骨，说是可以补钙、可以预防大脖子病，等等。我想，母爱也一点点地融化在浓香的排骨海带汤里。那是属于我一个人的海。我是这片时涨时落的海里的幸福水手。

有人问香港美食家蔡澜：您见多识广，最好吃的是什么？蔡澜来不及想就脱口而出：妈妈做的菜最好吃。他说得太有道理了。一方面，人年少时味蕾最灵敏，容易产生深刻印象，口味还未被后来的山珍海味搞得混杂；另一方面，妈妈做的菜最有家常味了，是家常菜里的家常菜，尤其那份细致入微、润物无声的爱心，星级饭店的大厨师根本模仿不出来。还有一点，恐怕也是最重要的：妈妈做的菜，伴随着我们的成长；妈妈做的菜，不是永远都能吃到的。终有一天，它会成为一个美好而怅然的回忆，你拿再多的钱也买不到，它是无价的——任何餐馆的菜单上，都找不到妈妈亲手做的菜。

哪怕只是一碗汤，也是恩惠呀。在断乳期之后，妈妈继续为我们提供着营养，提供着经常为我们所忽略的爱。

整整二十年，我出门在外，很难吃到妈妈做的菜了。尤其最近几年，回家探亲，妈妈已老了，无力下厨房了。在她身边，或在离她很远的地方，我会逐一回想妈妈做过的菜。尤其是那道海带炖排骨。我在外面的餐馆里也点过，总觉得没有做出那种滋味。不知为什么？

食物不是无情物，总有一个情字使之发挥出别样的味道，不管是亲情、友情、爱情还是人情，哪怕是孤独时的心情，也弥足珍贵。对于我是最好吃的东西，却离我越来越远了。

文人皆爱食竹笋

有人说，竹笋不仅是一道美食，更是一种雅食，很符合文人雅士的心情与口味。松、竹、梅被称作岁寒三友，竹子自然成为清高的象征。中国有竹文化，竹笋是竹文化中脍炙人口的一个“零件”，它使竹文化的韵味进入饮食领域，或者说，构成竹文化的一部小小的世俗读本。苏东坡有诗：“宁可食无肉，不可居无竹。无肉使人瘦，无竹使人俗。不俗加不瘦，竹笋加猪肉。”谦谦君子，总能为自己的馋找到种种借口。竹笋加猪肉，既解了馋，又不至于太失去境界。类似于“大隐隐于市”的说法。这样，鱼和熊掌就可兼得了。隐士们的自我安慰，确实比阿Q之流的精神胜利法更为高明。

人们经常拿竹笋与猪肉相提并论，在于它们是最佳的荤素搭档。李渔说竹笋：“以之伴荤，则牛羊鸡鸭等物，皆非所宜，独宜于豕，又独宜于肥。肥非欲其腻也，肉之肥者能甘，甘味入笋，则不见其甘而但觉其鲜之至也。”在这一搭配中，笋是唱主角的，肉纯粹为他人作嫁衣裳。“此蔬食中第一品，肥羊嫩豕何足比肩”。但“将笋肉齐烹，合盛一簋，人止食笋而遗肉，则肉为鱼而笋为熊掌可知矣。”苏东坡的妹夫黄庭坚，也有诗：“南园苦笋味胜肉”。假如让他从二者中取舍，结果是不言自明的。早在唐代，白居易的《食笋》诗就表

明态度："每日逢加餐，经时不思肉。"笋能使嗜好者忘掉肉的，或三月不知肉味。在无肉的情况下，将笋单独白煮（略蘸酱油而食），或素炒，也能品尝到其真趣。"从来至美之物，皆利于孤行，此类是也。"（李渔语）看来笋与肉的关系，也能分能合。正如好小说，不见得都有或非有"性描写"。"洁本"的竹笋菜，照样耐人寻味。

李渔认为笋之所以"能居肉食之上"，其至美之所在，仅仅是一个"鲜"字。有经验的厨师，连焯笋之汤都舍不得倒掉，每做别的菜，就兑一点进去，相当于味精了："食者但知他物之鲜，而不知有所以鲜之者在也。"笋之调味，快达到魔法的境地了。连残汤剩汁都能画龙点睛，把一道新菜全"盘活"了。至于这种奇妙的笋汤（又叫笋油）的提炼办法，袁枚在《随园食单》里详细记载："笋十斤，蒸一日一夜，穿通其节，铺板上，如做豆腐法，上加一板压而榨之，使汁水流出，加炒盐一两，便是笋油。其笋晒干，仍可作脯。"

林洪的《山家清供》，给鲜笋起了个外号，叫"傍林鲜"："夏初竹笋盛时，扫叶就竹边煨熟，其味甚鲜，名傍林鲜。"根据他的讲述，鲜笋最好现摘现吃，一分钟都别耽误，就在竹林边，用芳香的竹叶为燃料，当场煨烤；可见环境或氛围也能激活、增添新笋那天然的鲜美。这绝对是最正宗的“绿色食品”了，不仅就餐环境是一片绿林，烹饪方法也是返璞归真的。不知竹林七贤之类古老的隐士，就地取材，是否使用这种“叫化鸡”式的吃法？鲜笋之可口，堪称“植物鸡”（前面提到的笋汤，也堪称“植物鸡汤”）。另一本书，《四时幽尝录》，也对其大加赞美：“每于春中笋抽正肥，就彼竹下，扫叶煨笋至熟，刀截剥食。竹林清味，鲜美莫比。人世俗物，岂容知此真味。”想来只有超凡脱俗的人，譬如隐于山林者，才能体会到竹笋至真的味道。而所谓的“真味”，其实于平淡中见神奇。有一颗淡泊的心，才能遭遇这种潜伏的神奇。貌似温文尔雅的竹子，原也有尖锐且敏感的棱角，只不过藏戒得足够深、足够隐蔽。与竹笋未受污染的鲜明相比，我们生活中的诸多食物，堪称麻木的、愚昧的，甚至腐朽的。

竹笋因出产季节的不同，可分为春笋、冬笋。冬笋的味道比春笋还胜一筹。正如少妇与少女相比，女人味更深。郑板桥爱竹成癖，不仅画竹，还为竹笋写诗：“偶然画到江南竹，便想春风燕笋多。”

符中士先生向西方人介绍本土饮食，经常碰到一件难事：翻译们译不出竹笋这个词，只好勉强译成“竹子的嫩芽”或“很嫩的竹子”，以至洋人常常发出“竹子也能吃吗”的疑问。原来西方人不仅不吃竹笋，英语里甚至没有竹笋这个单词。而在中国，《诗经》时代，竹笋就成为食物：“其蔌维何，维笋及蒲。”从竹笋的待遇，能看出东西方饮食文化的巨大差异。中国有竹文化，或者说得玄妙点：竹图腾（宁可食无肉，不可居无竹）。折射到餐桌上，吃竹笋也上瘾。而欧风美雨，盛行的是“肉图腾”（女作家云潇语），譬如牛排，构成其精神之盾；法兰西人甚至连小不点儿的蜗牛都不放过。以草食为主的民族和以肉食为主的民族，各有各的崇拜，也就各有各的发现与收获。这是两张不可能重叠在一起的美食版图。

我在想，是否有必要教会西方人吃竹笋？我本人倒很愿意做竹文化的“传教士”。竹笋在饮食中堪称“国粹”（甚至无法翻译），也是我百读不厌的“圣经”。它与《诗经》同时诞生，并同时成为中国人的“必读书”。

古人的食幻想：茶干

若干年前去安徽马鞍山的采石矶，因为听说李白在这儿淹死的。站悬崖边唏嘘半天：老人家，你想练跳水，也不能这么练呀；再说，月亮又有什么可捞的呢？那是假的。

怀古够了，到市区逛一圈，没啥可带回的。我只买了几袋真空包装的豆腐干。采石的食物，恐怕只有这五香茶干比较出名，俗称采石干。

在火车上，还真派上了用场。为打发时间，我用旅行保温杯泡好碧螺春，觉得缺点什么。想一想，撕开了一袋采石干。正好在离开采石的路上品尝，会觉得离开得慢一些。采石的茶干，每块只有大拇指的指甲盖般大小，呈酱黑色，坚硬而又有韧性，搁一块在嘴里，经得住慢慢咀嚼。越嚼越香，越嚼越有回味。尤其喝过绿茶，清苦之余，舌尖难免有点寡淡。不敢像李逵所说嘴里淡出鸟来，至少也淡出了一小块空白。嚼一嚼味道很重、很醇厚的茶干，恰好可以填补，再喝碧螺春，苦涩变作了甘甜。咖啡需要加伴侣，茶也有伴侣来调解，譬如江南的这种茶干，大小如硬币，很明显不是用来下饭的，而是专门迎茶送酒的。

据叶灵凤考证，金圣叹临刑时所说伴花生米同吃能嚼出火腿味者，即这种特制的豆腐干。难怪许多人照金氏配方，找来花生米与豆腐干胡嚼一通，火腿味无影无踪，而大呼上当——他们找的不是这种五香茶干。味方面，差之毫厘也会失之千里。不要老说受了古人的骗，金圣叹在杀头前，哪有心思哄你们玩哟。

我这么讲，无形中又使“骗局”更深了。若有人再试，而又不灵验，会责怪我替金圣叹圆谎的。

遇到这样的“一根筋”，我只能反戈一击：酒家就是跟古人合伙骗你们了，怎么着吧。饮食的事情，心诚则灵，信则有不信则无。怀疑论者当不了美食家的。

苏州的朋友车前子，也试过这秘诀，嚼了半天，未成功。他比金圣叹叹得还厉害：看来火腿在中国的饮食中，是一种华丽、荣誉与理想的食品，好像诺贝尔文学奖。

我却觉得：这至少证明火腿在古代也很贵，也很难得；金圣叹想搞一项“化学实验”，用种种代用品排列组合，以求制造出火腿的滋味，倒不失为一种省钱而获得同样效果的办法。可惜他还没来得及申请专利，就被砍掉脑袋了。

金圣叹哪是在骗后人，他是在自己骗自己呀。这老头，想火腿快想发疯了，可兜里的碎银子只买得起花生米、豆腐干之类最便宜的下酒菜。怎么办呢？除了想，还是想呗。想着想着，想的次数多了之后，自己也会觉得是真的。神似毕竟比形似更重要。虽然这所谓的真的，是全靠想出来的。

有两种人最需要想象力，一种是艺术家，一种是有欲望而囊中羞涩的美食家。金圣叹把他作为艺术家的想象力，也运用在饮食上了。他是敢想的，而且不完全算空想。毕竟，还有花生米、豆腐干作为替代品，作为想入非非的原材料。

有一个词汇，叫性幻想。美食家则经常沉浸在“食幻想”之中。这同样令他们在清贫而乏味的生活中无比激动。如果缺乏这番想象，即使整天燕窝鱼翅，也味同嚼蜡。这才算真正的暴殄天物。

好胃口有时要靠想象力来调动。而饥饿，或馋，构成这种超人的想象的原动力。这其实是一种生活的艺术。即如何通过有限的物质财力，来获得最大化的、乃至无限的精神享受。车前子说，既经济又实惠，又不乏情趣，此乃“生活的艺术”的真谛，而捷径就是读菜谱。是啊，你一生哪一顿饭，能同时点这么多菜呢。甚至要真的逐一吃遍，不知得等多长时间。

在我们南京，把茶干叫秋油干。想来是用好酱油卤制的。比一般的五香干多几道工序。老南京人口中，酱油又叫秋油。我觉得，秋油干比叫酱油干动听多了，因为避俗了。秋字用得好，令我联想到秋天。秋天的滋味，在四季中绝对最耐得住咀嚼，经得起回味：比单纯的春天复杂一些，比炽热的夏天萧瑟一些，比枯燥的冬天丰盛一些……给人留下了想象的空间。

叶灵凤总结了江南的几种豆腐干：“蒲包干是圆形的。大约制时是用‘蒲包’包扎而不是用布包扎的，制成后上面有细细的篾纹，所以称之为蒲包干。五香干是普通制品，秋油干则是特制品，黑而且硬，最耐咀嚼……这本是江南很普遍的豆制食品，最好的出在安徽芜湖，黑硬而小，可是滋味绝佳。称为‘芜湖秋油干’。从前上海流行的‘小小豆腐干’，就是仿芜湖的，可是滋味差得远了。香港也有普通的五香干，称之为‘豆润’(为了忌讳‘干’字，所以改称‘润’)，只可作菜中的配料，是不能就这么用来下酒送茶，更谈不上有火腿的滋味了。”看来秋油干确实是豆腐干中的精品，是浓缩的精华。把无穷的滋

味，浓缩在方寸之间，这真叫本事。小小秋油干，不可小看。当然，它只对具备无限想象力的食客才有效。

对于俗人，还不够塞牙缝的。

秋油干只适宜茶或酒。看来嗜茶的人，好酒的人，在想象力方面基本上是过关的。吃饭是务实的，品茶或饮酒，多多少少需要一点务虚的心态。正因为务虚，才不落俗套。

野菜记忆

原以为北京是没有野菜的。或者说得更确切点，原以为北京人不爱吃野菜。对野菜津津乐道的，大多是些来自南方的移民。譬如周作人在北京写的文章，我以为最好的一篇应该是《故乡的野菜》:“日前我的妻往西单市场买菜回来，说起有荠菜在那里卖着，我便想起浙东的事来。荠菜是浙东人春天常吃的野菜。”他听说了荠菜的消息，分明有一种他乡遇故知的感情。几十年后，汪曾祺也以同样的题目写过一组散文，并且同样地垂青江南的荠菜:“荠菜是野菜，但在我家乡却是可以上席的……北京也偶有荠菜卖。菜市上卖的是园子里种的，茎白叶大，颜色较野生者浅淡，无香气。农贸市场间有南方的老太太挑了野生的来卖，则又过于细瘦，如一团乱发，制熟后硬扎嘴，总不如南方野生的有味。”他同样是带着淡淡的遗憾来怀念野菜，怀念野菜簇拥着的故乡。野菜的滋味就是乡恋的滋味。

汪曾祺是个会写文章的美食家，又是个爱吃野菜的作家——这样的作家越来越少了。野菜的知音，越来越少了。汪老生前曾亲口跟我讲述过，他在北京

也找机会摘野菜来炒食，打打牙祭。有一次路过钓鱼台国宾馆，发现墙外长了很多灰菜，极肥嫩，忍不住弯下腰来摘了好些，装在书包里。门卫走过来问："你干什么？"直到汪老把书包里的灰菜抓出来给他看，他才没再说什么，走开了。事后汪老自我解嘲："他大概以为我在埋定时炸弹。"想象着一位淡泊名利的老文人蹲在国宾馆的墙外两眼发光地挖野菜，我仿佛看见了一颗最容易被平凡的事物打动的灼灼童心，以及某种朴素的人生。

到了我们这一代，对野菜已没有太深刻的记忆。只知道它是红军长征时救命的食物，绝对说不清它的品种，认不出它的特征。野菜带给现代人的，是一种恍若隔世的感觉。整天生活在钢筋水泥的城市里，去哪里寻找野菜的踪迹？柏油马路上绝对长不出野菜来。野菜简直象征着乡土中国，象征着一个田园诗的时代，离我们所置身其中的工业文明远而又远。所以，我原以为野菜已从我们的生活中消失，原以为北京是没有野菜的。

然而风水流转，吃野菜又成了一种时尚。连续几次去北京的郊区开会，顿顿都能吃到野菜，有凉拌的，有清炒的，有做汤的……尤其是怀柔山区的餐馆，更以山野菜作为主打的招牌，甚至吸引了许多城里人开着车专程去吃的——下乡是为了品尝野菜的滋味，品尝某种旧式生活的滋味。由此可见，野菜也快成一种怀旧的食物了。我也逐渐熟悉了马齿苋、枸杞头、蕨菜、蒌蒿等一系列古老的名词。甚至还想起了汪曾祺笔下的评点："过去，我的家乡人吃野菜主要是为了度荒，现在吃野菜则是为了尝新。”现代人吃野菜，或许有诸多感受，但肯定无法重温那苦难的滋味了。野菜那淡淡的苦涩与清香，仿佛也成了我们吃腻大鱼大肉之后所苦苦寻觅的补偿。结账时我留意了一下各道野菜的价格，暗暗咋舌：若是放在旧社会，穷人绝对吃不起的。这起码验证了一条真理：物以稀为贵。

出生于汉代的豆腐

豆腐是中国的一项伟大的发明。跟四大发明相比，它其实离老百姓的生活更近。

豆腐诞生在汉代，资格够老的。传说刘邦的孙子，淮南王刘安，在安徽淮南八公山珍珠泉炼丹，没炼出长生不老的仙丹，却创造出了豆腐。作为炼丹炉里的副产品，豆腐虽不至于产生使生命不朽的神奇效果，其营养价值还是不容置疑的。我相信这个传说是真的。豆腐的制作过程，是将大豆磨碎、榨浆，上锅灶蒸煮，直至添加石膏，或用青盐点卤，使豆浆凝固，太像一次化学实验。有人比喻为石髓，即石头的骨髓，倒挺形象的；还有人称其为甘脂，也很浪漫。我想起白居易怎样赞美杨贵妃：“温泉水滑洗凝脂。”豆腐也是一种凝脂，跟美女的肌肤有几分形似或神似。温香软玉，令人情不自禁想去触摸，想去吮吸。不管别人咋样，我每每以亲吻的态度品味豆腐。难怪民间有诙谐的说法：把占女人便宜叫作吃豆腐。我没啥犯罪感，因为自己是在吃豆腐的豆腐，是一厢情愿而已。但毕竟也算一次美的享受，无论视觉还是口感。在食物中，豆腐似乎最女性化。

读鲁迅小说，写到故乡有个豆腐西施。这位少妇肯定靠磨制豆腐出卖为生，可能还略有几分姿色。豆腐与西施联系在一起，挺协调的，比叫茄子西施、冬瓜西施要顺耳。即使真让西施卖豆腐，并不掉架子，她的美肤简直在为自己的产品做活广告。但没谁想过西施会去菜市场兜售茄子、冬瓜，这简直跟让她卖国一样，是不可能的事情。鲁迅的故乡又是西施的故乡。鲁迅故乡的这位豆腐西施，究竟什么模样，他没有详细描写。我猜测皮肤一定很白吧，像豆腐一样润滑、细腻。只要有了这一条，就不会难看。一白遮百丑嘛。鲁镇的老少爷们，给豆腐坊的老板娘起了西施的外号，怎么听都有点暧昧。他们用语言，在想象中吃她的豆腐了，同时也在占西施的便宜。不过，市井中若没有一点风情的作料，也太单调了。不管豆腐西施的手艺如何，打上西施的招牌，顾客总会有点美妙的心理作用：西施的豆腐，怎么可能不好吃呢？况且，比天鹅肉便宜多了。估计这位美少妇的生意，应该跟她的回头率一样不错。

豆腐西施，你有什么配方，做出畅销的豆腐？豆腐西施，你使用哪种牌子的化妆品，来保养娇嫩的皮肤？更有可能的是：你天生一副清秀的容颜，连城里的雪花膏都没搽过。你在跟豆腐比赛呀，看谁更白、更吊人胃口。

情色，在中国的饮食中也会有所显影，使人口腹获得物质的满足之余，心理上还产生某种微妙的“化学反应”，丰富了食品的滋味。譬如，南京人将鸭胰叫作美人肝，福建人将贝肉氽汤唤成西施舌，还有某地清蒸的贵妃鸡（象征杨玉环出浴），乃至浙江的一种黄酒命名为女儿红。仅仅这称呼，就令人浮想联翩。除了柳下惠，谁听到会无动于衷？浪漫的名称，一听就是有点儿雅趣的人起的。它从某一方面，证明了中国的饮食确实能上升到文化的境界。这也是中国菜在色、香、味、形之外的又一大法宝，只不过不敢滥施，怕转移了主题。

我有一个喜剧片般的策划：绍兴打鲁迅品牌，仿建咸亨酒店、叫卖孔乙己茴香豆之余，也不妨尝试生产一种西施豆腐，或索性开一家西施豆腐坊，通过选美选出冠军，让其站柜台，就当站在T形台上。不管有多少人买账，会有更多的人来看风景、看热闹的（看着看着，总会饿的）。大不了，再雇一位浙江出产的女明星做形象大使（不知周迅是否愿意），代言绍兴的豆腐。这至少比代言金华火腿要容易些吧？看在鲁迅的面子上，就当一回当代版的“豆腐西施”吧。假如觉得鲁迅的面子不够，再加上西施的面子，西施的面子总够大了吧。那是西施在给你面子呀，女人能被称作西施，就像男人能被称作文豪一样，多少人想当还当不上呢。姐们，勇敢点，上吧！广告词，就说你是因为爱吃家乡的豆腐，才长得如此水灵灵的，这是你的护肤养肤秘方，一点不逊色于大宝SOD蜜。

其实，按年代推算，西施没吃过豆腐。战国时期，豆腐还没发明出来呢。西施的主子勾践，正吮着悬梁的苦胆，五味俱全地将自己尝都没舍得尝的美女，作为“糖衣炮弹”，送给好色的夫差……西施饱了那么多人的眼福，但她不知道豆腐是啥滋味；所以，她还是不如你有口福。

人选方面，我还是觉得周迅最合适。她是四小名旦之一。正如西施是中国四大美女之一。四小名旦，不就等于当代的四大美女吗？况且她跟西施同乡。跟鲁迅笔下的豆腐西施，也算老乡。就当演一把嘛，又有什么关系。只是，不知周迅在现实中，是否真的爱吃豆腐？但我想，至少不会不爱吃的。

中国的豆腐，使我“意识流”，说了这么多题外话。在我眼中，它是最富有中国特色的一种食物。它在神话般的炼丹炉里脱胎换骨，从此进入中国人的食单。在素菜类，它的名次应该是比较靠前的。

佛教徒，不近女色，不食荤腥，但对豆腐怜爱有加。豆腐为素食主义者送来了福音。素斋里，常用特制的豆腐皮加工成素鸡、素鸭、素火腿等种种名称叛逆的豆制品。看来光有腐竹还不够，豆制的竹林下，还养起了诸多豆制的家禽、家畜……门户兴旺。或者说个笑话：此乃豆腐的仿生学，或超级模仿秀。

若没有豆腐的发明，中国菜将少了许多精彩的节目：麻婆豆腐、芙蓉豆腐、砂锅豆腐、泥鳅豆腐、小葱拌豆腐，乃至鲫鱼豆腐汤……每一道菜几乎都可以讲出一段故事。太多，太长，我就不一一讲了。

以豆腐为主题，还有一系列衍生产品，如豆腐脑、豆腐干、豆腐乳、油炸豆腐泡……大故事下面还套着无数的小故事。甚至连臭豆腐，中国人也嗜之如命，为其辩护："闻起来臭，但吃起来香。"一代英雄毛泽东，在重游故地时，"表扬"过长沙火宫殿的油炸臭豆腐："火宫殿的臭豆腐还是好吃。"据说"文革"时这句话被该店作为"最高指示"引用在影壁上。可见豆腐不仅平民爱吃，伟人也爱吃。它跟四大名著似的，雅俗共赏。

有句俗话："青菜豆腐，保平安"。孙中山相信此理，写过《中国人应保持中国饮食法》一文："中国人所常饮者为清茶，所食者为淡饭，而加以蔬菜豆腐。此等食料，为今日卫生家所考得最有益于养生者也，故中国穷乡僻

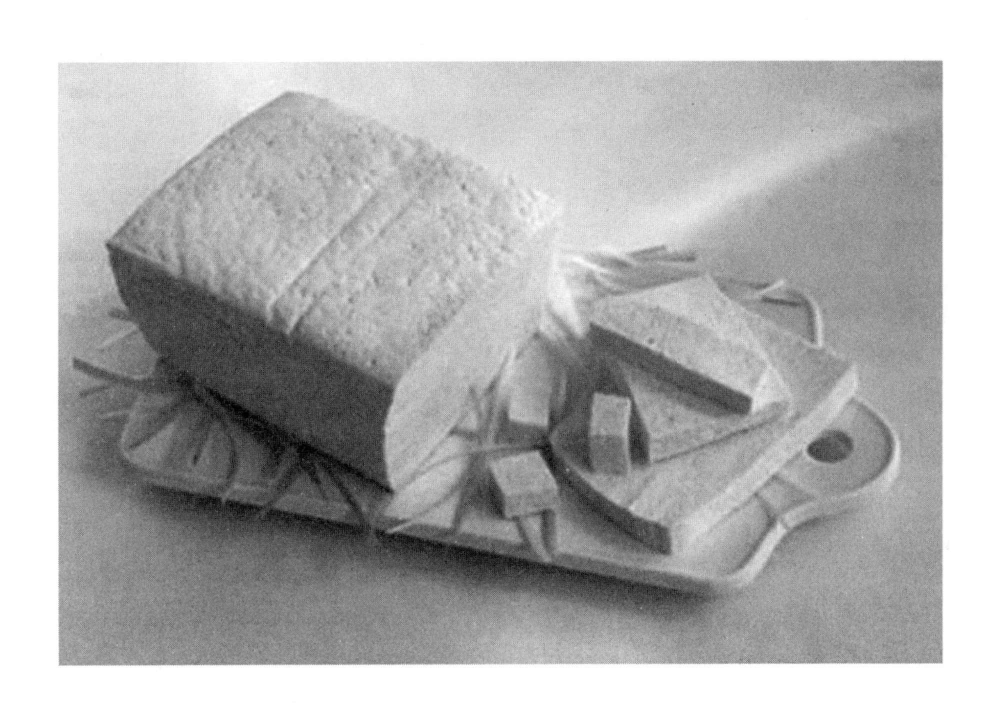

壤之人，饮食不及酒肉者常多上寿。”他尤其赞赏豆腐，“夫豆腐者，实植物中之肉料也。此物有肉料之功，而无肉料之毒”。

中国，恐怕久已形成了一种豆腐文化。

豆腐文化的内涵，类似于“怀柔”政策。豆腐是温柔的，而儒家恰恰教诲人们要“温柔敦厚”。甚至在形容说话厉害但心肠软的妇人时，也称其“刀子嘴豆腐心。”作为一个善良的民族，中国人的心，很软，像豆腐一样。豆腐心并不是贬义词。长着豆腐心的人，是值得信赖的。“人之初，性本善”，每个人出生时都长一颗豆腐心。有的人终生保持，有的人则逐渐变硬了，变麻木了或变冷酷了。保持豆腐心，跟保持童心一样困难。因为豆腐心，仿佛玻璃心，是易碎品，很容易受伤的。“仁者爱人”，豆腐心，其实象征着中国人胸怀里的那个“仁”字。

酒在他的记忆里

酒与武士结有不解之缘。譬如提着哨棒的武都头，明明看见了“三碗不过冈”的布告，依然故我，吆喝店小二拿酒来，直喝得头重脚轻，夜行时又与威风凛凛的山大王狭路相逢。关于这一典故有两种说法：其一说武松醉后身手绵软，顶多剩余一半的力气，尚且将一头老虎活生生结果了，可见英雄本色；其二则说武松以酒壮胆，借着酒劲，才敢于与扑食饿虎决一雌雄，酒实际上促成了武松。听说山东正在把景阳冈作为“水浒”旅游景点恢复，我想最重要的是别忘了盖一座小酒馆（哪怕简陋如 20 世纪 70 年代的防震棚），而且一定要挂上宋朝的酒旗。不用大兴土木，有此足矣。这样，景阳冈就是景阳冈了。与此类似的例子还有酒肉和尚鲁智深醉打山门、红脸关公温酒斩华雄……

酒与美女也结有不解之缘，譬如贵妃醉酒的京剧，好多人爱看，梅兰芳还亲自演过。我在这里，想说说酒与文人的关系。李白就是最典型的例子。他使酒这世俗饮品，和诗，乃至和浪漫主义一下子拉近了距离。“李白斗酒诗百篇，长安市上酒家眠。天子呼来不上船，自称臣是酒中仙”——杜甫的诗与李白的诗在伯仲之间，只是酒量肯定不如李白，但是他在《饮中八仙歌》中对李白的描绘，则使李白在纸上活了下来。李白自己也写过“举杯邀明月，对影成三人”，或“五花马，千金裘，呼儿将出换美酒”，前者的飘逸，后者的慷慨，多好啊！李白诗中提及酒的篇目太多，若全删去的话，李白就单薄了。李白若不写诗，他就不是李白了。我们会问：李白是谁？同样，李白若不饮酒，他也不是李白了，他顶多只算李白的一半。酒才是能使李白俯首称臣的无冕君王，仗着醉意，他敢于顶撞人间的皇帝。“且就洞庭赊月色，将船买酒白云边”——李白用信手涂抹的诗稿换酒，这可是一张张在世俗银行里找不开零头的大票面呀。酒徒可分为仙与鬼两个档次，和李白的衣袂飘然相比，我辈真无法羽化登仙，只配在昏暗的街灯下摇摇晃晃做酒鬼罢了。半斤二锅头或许会鼓舞我们笑容可掬地追追花姑娘，却绝对没胆量跟单位里大权在握的顶头上司较劲。小公务员的酒量，和诗人的酒量，区别就在这里。

曹操与刘备，曾经青梅煮酒。曹操佯装醺醉，偶尔露峥嵘，一语道破，石破天惊：“天下英雄，惟使君与操耳！”古人聚饮讲究行酒令，但这恐怕是全世界最具霸气的酒令了，蔑视列强，又暗藏杀机。至少比和平年代的所谓“祝您健康（或发财）”、“生日快乐”之类硬朗千百倍。小小的一句酒令，震破了历史的耳膜，把一整部《三国演义》撞击得嗡嗡作响。我在这篇谈文人与酒的文章里举曹操的例子，或许不合适。但曹操并非完全是赳赳武夫，他至少也算个文人，他横槊赋诗，尚且有过“对酒当歌、人生几何”抑或“何以解忧、惟有杜康”之类佳句，足以提供给时下某些酒厂做广告词了。

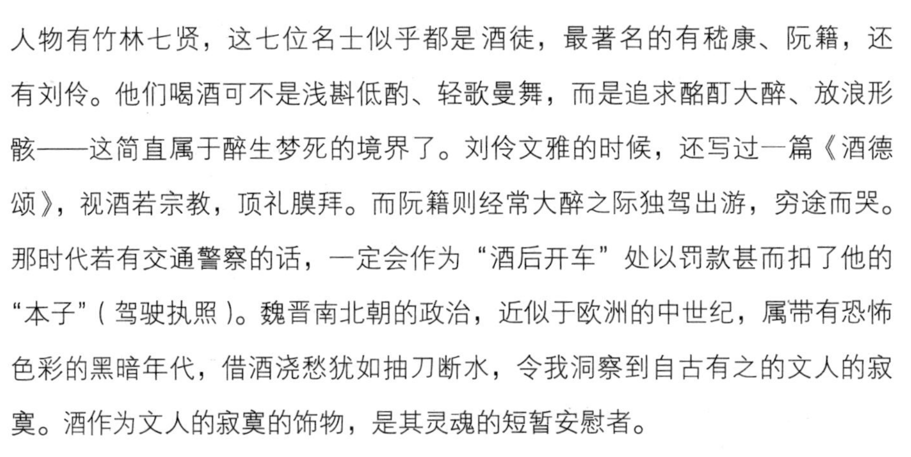

鲁迅写过一篇《魏晋风度及文章与药及酒之关系》，标题太长，而且拗口，但毕竟出现了一个酒字。看来酒对中国文化史上大名鼎鼎的魏晋风度，不无影响。魏晋风度的代表人物有竹林七贤，这七位名士似乎都是酒徒，最著名的有嵇康、阮籍，还有刘伶。他们喝酒可不是浅斟低酌、轻歌曼舞，而是追求酩酊大醉、放浪形骸——这简直属于醉生梦死的境界了。刘伶文雅的时候，还写过一篇《酒德颂》，视酒若宗教，顶礼膜拜。而阮籍则经常大醉之际独驾出游，穷途而哭。那时代若有交通警察的话，一定会作为“酒后开车”处以罚款甚而扣了他的“本子”(驾驶执照)。魏晋南北朝的政治，近似于欧洲的中世纪，属带有恐怖色彩的黑暗年代，借酒浇愁犹如抽刀断水，令我洞察到自古有之的文人的寂寞。酒作为文人的寂寞的饰物，是其灵魂的短暂安慰者。

酒出现在宋词里，不见得比唐诗里少。苏东坡“明月几时有，把酒问青天”的高姿态，恐怕已构成中秋节或月亮的审美符号。辛弃疾更是“醉里挑灯看剑”，诗人在烛光下把玩冷兵器，和武士关羽在夜营帐篷里读《论语》，具有同样的反差。酒并非豪放派的专利，婉约派也不可一日无此君，柳永如痴人说梦般自问自答:“今宵酒醒何处?杨柳岸晓风残月。”甚至绿肥红瘦的女流李清照也有“昨夜雨疏风骤、浓睡不消残酒”的慵倦时候。陆游虽属豪放派，但一句“红酥手，黄滕酒”，刻骨铭心的温柔。我至今没弄懂黄滕酒是怎样一种品牌。潜意识里已将之视若爱情的商标，爱情的别称。源远流长，人世间有多少红男绿女被其醉倒过?

葡萄美酒夜光杯，我几乎要怀疑没有酒便没有诗、没有文学了——这种设想肯定是有失偏颇的。但这种不成立的设想反过来也说明酒确实给文学增添了魅力，不是吗？酒持有任何社会阶层的通行证，对文人亦不例外。文人的酒瘾，既俗且雅，大俗而后大雅，这使其与平庸的酒徒区别开来。文人若烟酒不沾、清醒理智，那可能有洁癖了——激情才是文人精神中的火药、血液里的酒精。毛泽东有一半身份应该是诗人，他既谴责过“成吉思汗，只识弯弓射大雕”，也同样憧憬过月亮上不散的宴席“问讯吴刚何所有，吴刚捧出桂花酒”。

我对酒是有感情的。否则我干吗要写这篇文章呢？在大风起兮的北京城里，喝二锅头，读圣贤书——构成我整个青春的忠实写照。红星牌二锅头，涨价前每瓶只值二块四毛钱，它就和老舍的小说一样，是我印象中北京的平民生活，是我心目中平民化的北京。老北京，正宗的老北京。喝二锅头要选择地点，要在陈旧低矮的老式四合院里，才能品出沧桑的感觉；若是在高楼上、在灯火通明的星级饭店里喝，味道就变了，姿态也显得做作。

我最向往的城市是西安。我梦见过西安，也去过西安。我去过西安，是在无数次梦见它之后。我在西安最大的收获是喝到了当地特产的稠酒：糯米酿制，色泽乳白，微甜，需装进铜壶在炉上温了喝，满屋喷香。据说汉唐时饮用的都是这种粗糙、浑朴、未经再加工的米酒。也就是说，李白喝的也是这种古老的酒。或者说得更玄妙点，这种酒正是李白写诗的助手。不断深化的联想使我激动起来。窗外的松涛如同一位仙风道骨的老者对我耳语：将进酒、杯莫停……哦，这唐朝的松涛！

酒使文人忘掉了许多事情，也记住了许多事情。我去城南的蒲黄榆采访了汪曾祺，听他说起半个世纪前和沈从文的师生情谊。他没回忆更多，只吐露了一次喝酒的经历。这个细节后来被他写在《沈从文先生在西南联大》的结尾处：“有一次我和他上街闲逛，到玉溪街，他在一个米线摊上要了一盘凉鸡，还到附近茶馆里借了一个盖碗，打了一碗酒。他用碗盖子喝了一点，其余的都叫我一个人喝了。”然后他感叹一声，“沈先生在西南联大是一九三八年到一九四六年。一晃，四十多年了！”文章便完了。四十多年了，他还记得沈先生点的下酒菜。四十多年了，那碗酒还供奉在他的记忆里，碗是满的。

美味中的美味：鱼

鱼在古代肯定是美味中的美味。春秋战国时好像是信陵君的一个门客，因得不到重用，便整天愁眉苦脸地跟自己的宝剑窃窃私语（史称弹铗而歌）：“长铗归去兮，食无鱼，出无车。”无鱼可食，仿佛也成了怀才不遇的一个标志。饮食问题与交通问题，从那时起就与干部制度以及干部的待遇挂钩。鱼开始成为一种象征。所谓姜太公钓鱼，实际上垂钓的是名利也。他在渭水之滨做做渔夫的姿态，最终上钩的却是周文王这一条大鱼。垂钓者由此便被奉为贤德。对于我们这个民族，鱼的身价是因其与平民生活的距离而决定的——鲤鱼跳龙门，便一举获得富贵的席位，这简直是传说中最原始的科举制度。

中国的第一代哲学家们，也大多对鱼怀有非同寻常的感情。孟子口口声声地宣称：“鱼我所欲也，熊掌亦我所欲也……”美味佳肴，能够与鱼相提并论的只有熊掌了，只可惜二者皆是不可兼得之物——所以孟子无法成为一个完美主义者。孔子不爱夸夸其谈，却悄悄地给自己的儿子起名为“鲤”——对后代寄予厚望。至于庄子，其著作的首篇即《逍遥游》，《逍遥游》的首句即“北冥有鱼，其名为鲲”——这同样也是他人生理想的雏形。还有谁

（似乎就是庄子本人），喜看众鱼戏水，并称之为欢乐的最高境界。当旁观者问：“子非鱼，焉知鱼之乐？”他便傲然回答：“子非我，焉知我不知鱼之乐也？”

在古人眼中，鱼是蛟龙、鲲鹏的近亲，也是离荣华富贵最近的种族——它跃出龙门就是龙，化而为鸟就是鹏，总之它是有可能创造人间的神话的。它离神话的境界，常常只差一步。所以，鱼便因为古代帝王将相、文人侠客的事迹而被描绘得出神入化。鱼之乐，已不在鱼本身——正如醉翁之意不在酒，在乎山水之间也。食无鱼者，成为最早的慷慨悲歌之士（早于荆轲），唱出最早的《归去来兮辞》（早于陶渊明）。弹铗而歌与弹冠相庆，绝对是两重意境，划分出对功名利禄的失落与拥有、守望与享受、悲观与乐观……更多的人则采取积极的态度。“临渊羡鱼，不如退而结网”——这种儒家色彩的进取态度（“达则兼济天下，穷则独善其身”），甚至一直贯穿到今天的知识分子身上。对鱼的态度，戏剧性地透露出人生的态度。难怪中国的科举制度，曾经像一张恢恢天网，存在了那么多年。漏网者都是失败者，或者说，从来

就没有真正意义上的漏网之鱼，因为即使漏网者，也毕竟曾经心向往之（包括写《聊斋志异》的蒲松龄）。功名之网，已牢固地笼罩在古今知识分子的精神世界。

但他们都成不了隐士——包括食无鱼而呼唤长铗归去的歌者。他们都摆脱不了网的诱惑，正如无法抵抗鱼的诱惑。自姜太公钓鱼开始，中国的隐士时代就结束了，真正的隐士寥寥无几。人们纷纷垂钓功名利禄，垂钓若即若离的身外之物——以致为其蛊惑，实际上也被所追求的对象一网打尽。鱼与人其实是在相互设伏、相互诱惑、相互制约。围绕着鱼与人的关系，产生了许许多多的鱼人或者人鱼，也产生了许许多多的与审美性相背叛的——功利性的故事：关于诱饵，关于渔夫，关于钓钩与网……幸好鱼与玫瑰一样，是带刺的。鱼刺意味着内在的伤害。自孟子号称“鱼我所欲也”开始，鱼便与欲望结缘了。结网者同样也是结缘者。欲望是幕后的一张网——人类进入了欲望的时代；欲望同样是造成伤害的一根刺——功利性，伤害了人类原始的朴素的感情，更伤害了人与人之间的关系。

关于鱼的典故，还有很多。譬如“三天打鱼、两天晒网”，譬如“缘木求鱼”，以及“相濡以沫，莫如相忘于江湖。”因为以上这些，就足够连缀成一篇文章了。

本来是想从饮食的角度谈论鱼的，结果话题游移得太远。让我们再回到鱼本身。或者，再回到本文开头的第一句话，“鱼在古代肯定是美味中的美味。”这在当代仍然如此。虽然天下没有不散的筵席——但一席盛宴，如果没上一条鱼，那是不可想象的，至少烘托不出应有的气氛。我童年时尚处于一个清贫时代，老百姓家家过年时仍要供上一条鱼，轻易不敢动筷子——象征着“年年有余”。鱼在这里是对富裕的期待。而今价格最昂贵的宴席仍是海鲜——粤菜风行全国，许多内陆城市的酒楼也以水柜饲养着南方空运来的海鲜，供食客挑选。一桌海鲜宴席，虾兵蟹将纷纷登台，但鱼依然是主帅——值得一提的是还引进了日本生鱼片的吃法，雅称“三文鱼”。我在顺峰酒楼吃过一回，结账时暗自咋舌（不仅仅为鱼肉之鲜美）。可见现代社会，口腹之乐也绝不是无偿的；人间盛宴，钱财是真正的背景。只要有钱，就不用担心“食无鱼”，数千里之外陌生水域里的海鱼都会招之即来。工薪阶层，在海鲜酒楼门前会望而却步。鱼之乐，同样已不在鱼本身——它是需要付出代价的，食鱼之乐是要有购买能力的。穷人安知鱼之乐？安知富人之乐？从这个角度来看，古往今来，鱼作为富贵生活的象征，一直游泳在金钱的背景里——食无鱼者，绝非贵族。我推翻不了古人的理论。

纪念屈原的粽子

中国人是最擅长以吃来表达纪念的。所以许多节日都与特定的食物结下不解之缘。譬如中秋节吃月饼，元宵节吃汤圆，端午节吃粽子，甚至最个人化的节日——过生日，也要吃一碗长寿面。中国人是最有口福的民族，中国的烹调举世闻名，也只有中国人才敢于将饮食上升到文化的境界——并以本民族得天独厚的饮食文化为骄傲。随便举个例子：一只小巧的粽子，也能包容丰厚的文化积淀——这种说法一点也不夸张。

粽子是端午节唯一的供品，而端午节是专门用来纪念一位大诗人的。据说屈原在汨罗江自沉之后，沿岸的民众就用苇叶（或菖蒲？）包裹糯米投入江水喂养游鱼，以防它们出于饥饿啄食诗人的遗体——这是一种令人落泪的祭奠。这种风俗扩散到全国各地，并且延续了近两千年。两千多岁的大诗人，活在水的宫殿里，和整个民族的血脉中。台湾的余光中说过：“蓝墨水的上游，是汨罗江。”1995 年我专程去拜访屈原的故乡，写下一段札记：“秭归是长江中游的一座小码头，由此展开联想，我们会承认它也是中国历史的一座小码头。正如佛罗伦萨产生了但丁，这座玲珑剔透的小山城也向全世界贡献了一位重量级的大诗人，仅仅这一点，秭归也该在注目礼下戴上金镂玉琢的神圣桂冠。然而秭归没有，秭归平平淡淡地傍水而居，顶多每年端午节沿袭裹粽子和划龙舟的古老习俗时，会比其他地域狂热那么一点儿。端午，秭归自己在给自己过节。而全中国，都在给一个秭归出生的人过节。秭归确实是有福的。”

粽子毫无疑问就是一种有福的食物。它是一个诗人的节日之主角，寄托着国民世世代代对一位大诗人的怀念——你能说它没有文化味吗？典故的滋味，是苇叶的清香、糯米的甘美所掩饰不住的。想象着我们的祖辈，在油灯下曾神情肃穆地亲手包裹这特殊的贡品，以同样的动作传达同样的心情——我几乎怀疑今天自己面前陈列的一只粽子，也遗留有他们的指纹。哦，古老的粽子，在岁月的河流里浮沉，面对它我们是永远的儿童。

现在再不用我们去亲手包粽子了，每逢端午节，商店里有厂家生产的粽子出售——估计目前尚是手工制作，但我担心某一天，粽子也会出现在机器的流水线上。工业社会，一切都简化了——包括人类的纪念，人也变得懒了。我们渐渐遗忘掉包粽子的方法。不信你去问问处于学龄的少年，他们会叠纸飞机、玩电脑游戏，但肯定不知道怎样包一只有棱有角的粽子。

我们小时候可不是这样的。端午节前几天，就买来新鲜的苇叶，漂洗在大水盆里，然后一家人围坐在盆边热热闹闹地包粽子——这幅景象本身就充满节日的气氛。把挺括的苇叶卷成尖筒，填塞进淘洗过的雪白的糯米，然后再包成元宝状，用细麻绳捆扎，一只沉甸甸的粽子就诞生在掌心。在水锅里煮一会儿，满屋都洋溢着苇叶那无法言喻的清香。可以说吃粽子真正的乐趣，有一半已提前兑现在包粽子的过程中。那是一个清贫的时代，苇叶用过

一次，还舍不得丢弃，继续放回水盆里漂洗晾干，以便包下一轮，直至破布般颜色发黄、不再有任何植物的香气。一锅粽子里面，只有少数几只粽子里面掺有赤豆、红枣或火腿，于是挑拣粽子便带有抽签的性质，增添了几分检测运气的失落或惊喜。吃粽子时小剪刀是必不可少的工具，专门用来剪断捆扎粽子的绳结——多少年后我才诗化地联想到，这不失为心灵的节日的剪彩，也直到今天我才意识到那时候的富有——那份单纯的快乐、简易的幸福感是不可复得了。

有次参加一个宴会，奉送的小吃中包括一只粽子，搁在白瓷盘里，煞是好看。我解开吃下后忽然发现了什么，顿时有点倒胃口：这粽子居然是用白色细塑料绳捆扎的（是我们日常捆书或箱包常用的）。我的味觉里顿时充满了塑料的味道、工业社会的气息。你能说这根细塑料绳不是大煞风景吗？后来留心观察，发觉商店里出售的粽子也都是这样。对塑料绳捆扎的粽子，我拒绝食用。也许我是过于敏感了（并不见得真有一股怪味，许是某种心理作用），或过于挑剔了（现在到哪里去找那种土里土气的油麻线呢），但我不愿败坏对粽子的印象，那简直堪称平民塑造的经典。或者说得更夸张点，纵然时代变迁，我力图维护粽子的传统与尊严。这是一个不容原谅的败笔：被滥用的塑料绳与乡野气十足的苇叶是不协调的，正如在电脑上写诗，我也同样地感到别扭。

好吃莫过于饺子

北方人吃水饺，喜欢吃亲手包的。在旧时代，逢年过节，包饺子是百姓人家喜庆的一项节目。可见在制作面食方面，北方人的手巧。熟能生巧，这是因为北方人太爱吃并且常做面食（尤其是饺子）的缘故。

关于饺子，北方人有句名言："好吃莫过饺子。"有点将它列为天下第一的意思。至少在北方，谁也没反对过这种说法——它几近于公认的真理了。其实南方人也爱吃饺子，只不过不太会制作，勉强为之也手法生疏，造型粗糙，像稚童捏泥人一样笨拙——与之相比，北方人堪称雕塑家了。所以南方人寻觅饺子，常常要下馆子。卖水饺的餐馆也打出招牌："北方水饺"，以标榜其正宗。饺子快成为北方的专利了。

现代社会，饮食文化大大地丰富了，甚至北方人也不经常吃饺子了——即使经常吃，也不见得是亲手包的。商场里有的是袋装的速冻饺子，买回家搁在冰箱里，想什么时候吃都可以。速冻饺子大都是机器生产的。用机器包饺子？这对于古人肯定无法想象。无法想象包饺子也会变得工业化。我在北方，已好久没吃到手工包的饺子了。说实话我对速冻饺子稍有抵触情

绪，且不提冷藏是否使饺子那原始的鲜美打点折扣，仅仅想象一番这塑料袋里密封的一只只饺子——居然是从工厂的流水线上跑出来的，属于机器的大批量产品，就觉得似乎缺少点人情味。或许不仅仅我一人有这样的成见。在北方，一些饺子馆也特意要注明自己卖的是“手工水饺”以招徕食客。看来手工饺子确实比“机器饺子”（通俗的叫法）更具吸引力——两者之间的细微区别即使不是味道上的，也是心理上的。因为食客的潜意识里，仍然认为饺子应该是手工包的。手工饺子是最古典的。而机器饺子则有点现代派了。

包饺子，不仅需要时间，更需要心情。擀面皮，调肉馅，直至包好后下锅，有一套不算复杂但也不简单的工序。过去的年代，全家人团聚，欢欢喜喜地包饺子——像一次集体作业，或者说，像一种仪式。吃饺子的乐趣，已经在包饺子的过程中预支了一部分。也许，它本身就该包括这一部分。亲手包的饺子，抑或亲人包的饺子，吃起来别有一番风味——这里面的内容是很丰富的。现在，可以随时吃到机器包的饺子，它不仅减少了我们的劳动，也减少了许多人与人的交流，以及从中体会到的乐趣。饺子的地位降低了：仅仅沦为一种充饥的食物。这就是我的成见：机器生产的饺子，是很苍白的。苍白的饺子，苍白的生活。

老家肉饼，诗人们的大食堂

老家肉饼是北京的一家快餐连锁店。以肉饼为招牌，也卖其他面食乃至家常炒菜。20 世纪 90 年代，京城有一批中式快餐店揭竿而起，欲与风头正健的洋快餐（譬如麦当劳、罗杰斯、艾德熊等）一决雌雄。我印象最深的是东四路口，南边刚开了肯德基，北边立马就有上海荣华鸡落户，高唱对台戏，被媒体惊呼为“斗鸡”。这是一场看不见硝烟的战争，或者说，这是一场炊烟袅袅的战争，有点像八旗子弟的大刀长矛浴血抵抗八国联军的坚船利炮，若干个回合下来，中式快餐店损兵折将，只剩下老家肉饼依然坚守阵地，挥舞战旗。不仅如此，它还壮大了队伍，在东西南北增设一系列分号。老家肉饼的对手，无疑是必胜客比萨饼，彼此战成了和局，这已算很不容易了。毕竟，中国人是在拿冷兵器对抗西洋火器呀，能在阵地战中坚持下来就不错了。那些卖馄饨的，卖包子的，卖豆浆油条的，早就改变战略，“上山打游击”去了。老家肉饼，仍然稳扎营盘。

老家肉饼的牌匾，是我的朋友阿坚题写的。他跟老板是朋友。所以，老家肉饼等于是我朋友的朋友开办的。我当然要狠狠地夸它几句啦！不夸白不夸嘛，但纯属自愿的，人家老板可没请我当“托”。

阿坚是位诗人，在胡同里长大，诗写得好，毛笔字也不赖。他为老家肉饼题写牌匾，属于友情客串，分文不取。老板也很豪爽，承诺阿坚在老家肉饼店可终生免费就餐。可见老板是个懂诗、懂诗人的人，是个爱诗、爱诗人的人。

上次西安诗人伊沙来北京，阿坚在老家肉饼店接待。我跟伊沙开玩笑：你的代表作不是叫作《饿死诗人》嘛，可在北京，诗人是饿不死的，譬如阿坚，只要他愿意，天天都有免费的晚餐，天天都有肉饼吃。伊沙吃惊地瞪圆了眼睛，我估计他在感叹：看来天上还真会掉馅饼啊！

是呀，天上会掉馅饼的。我看见了，它砸在我的哥们阿坚头上。

伊沙那首后现代派的诗歌中有这样的名句：“饿死他们，这些狗日的诗人。首先饿死我，一个用墨水污染土地的帮凶，一个艺术世界的杂种。”别信他的，他胃口好得很呢，伙食好得很呢。诗人哪那么容易饿死呀，想吃天上的馅饼，张开嘴等着就可以了，它说来就来了。今天落下的是一块老家肉饼，没准明天落下的就该是诺贝尔文学奖了。尽情地想呗，有谁敢跟诗人比想象呀。

我跟来自西安的伊沙干了一满杯“普京”（普通燕京啤酒）：当今的北京，已不亚于唐朝的长安了，够你羡慕的吧。谁说居京大不易，瞧人家阿坚，怀揣终生饭票，比那个白居易活得还潇洒。白居易在长安，是否吃过白食——有人请他白吃羊肉泡馍吗？咱说不准。可诗人阿坚在北京，随便写几个毛笔字，就有大盘的肉饼端上来，想吃多少都可以，想吃多少次都可以。这才真正是“润笔”吧，比给现金要好，因为其中还有情义的，情义无价。按道理长安才算诗人们的老家，可北京有了这老家肉饼的传奇，对于诗人们而言，也相当于回家了。“仰天大笑出门去，我辈岂是蓬蒿人。”这是李白的话。李白是咱们的家长，出门写诗、当官、做生意，累了就回家吃肉饼。老家肉饼的店名，起得好啊。

我从沙滩的五四大街搬家，搬到东四环边的石佛营。住下的第一天，上街遛弯儿时发现马路对面就有老家肉饼的分店。看到牌匾落款处阿坚的名字，心头一热：嘿，哥们，你也在这里呀，咱们靠得越来越近了。跟老家肉饼做邻居，多踏实啊。那是我哥们的哥们开的，这既是生活中的巧合，又显得特别吉利。看来我来北京写诗，也注定饿不死的。北京，我有那么多的哥们，乃至哥们的哥们……整整一个大家庭，大家族。诗，是我们的血缘，我们共同的根。老家肉饼店，诗人们的大食堂。

前几天去天津参加全国书市，记不清在哪条街道，车窗外闪现老家肉饼的牌匾。虽然一掠而过，我却倍感亲切：老家肉饼，你已开始抢占“狗不理”包子的地盘了。

诗人高星从北戴河回来，说在河北也看见老家肉饼的分店。牌匾落款处也刻着“阿坚题”三个字。在那一瞬间，他会跟我一样，头脑中蓦然浮现亲爱的哥们阿坚的面孔。我们拿阿坚起哄：你为老家肉饼题写牌匾，可比你出的那几本诗集影响大多了。

阿坚不仅是诗人，还是京味的美食家。所谓京味美食家，相当于北派，与陆文夫那类南派美食家走的不是一个路子。南派是愈精致愈好，北派则追求广博庞杂。阿坚与我合写过一本《中国人的吃》，于 2000 年推出，又被日本青土社购买去海外版权，翻译成日文全球发行（易名为《中国美味礼赞》）。他妙语连珠：“中国人几乎是世界上最会吃的大民族，中国菜的烹饪和消受几乎是一种食哲学。相反，近十个世纪里，世界上饿死的最多的是中国人（人数），世界上的国内战争因饥饿而爆发最多的是中国（如农民起义）。我老在想，为什么挨过饿的民族反而更重视吃的艺术，像美国人相对来说是最没挨过饿的人民，竟然吃的那么单调、吃的那么懒也那么傻。美国人民似乎没有吃的理想，而咱中国人以食为天。”中国人虽然以食为天，却没几个人敢相信天上真会掉馅饼的。除了我和阿坚这样的“另类”，相信奇迹的，都是诗人。

阿坚在书中还真提到老家肉饼：“吃喝泛滥的时代，饭馆沿街、夜市成片，啤酒成河、烧烤成云，我也被裹在这世纪末的洪流。我为老家快餐连锁店题匾，可终生免费就餐，我的亲朋餐桌上随时可为我添双筷子。忽然没了饿之忧，顿感自由……”

我写这篇文章，已是深夜。写着写着，忍不住咽口水了，想吃肉饼。考虑到马路对面的老家肉饼店该已关门打烊，只得作罢。继续在纸上写吧，就当画饼充饥。

老家的汤，乡情的味道

江苏人是很会煲汤的，在这方面一点不比广东人逊色。广东人喝汤，属于就餐前的节目，每人先喝一盅滋补的热汤，然后再饮酒吃饭——汤的作用相当于西洋的开胃酒。在我的老家江苏，一般饭后再喝汤，一桌酒席如果最后不上一锅汤，仿佛缺少一道压台戏似的。由此可见汤的重要性：简直是给每顿饭画上完满的句号。上汤了，则意味着菜全上齐了——这不仅仅是一种无言的仪式，而且常常掀起一个高潮。喝汤的人，一律满面红光。

常见的有排骨汤和蹄髈汤。选的都是好骨肉，炖得稀烂，汤也就稠得似乎能粘住饮者的上下嘴唇。如果怕肥腻的话，可以搁几棵腌菜头调解口味。喝的时候会发现，炖在汤里的菜根，比肉还要好吃——简直吸收了食物全部精华。这样热腾腾端出来的汤，神

仙也爱喝的。每年春节回乡探亲，舅舅家总给我预备这么一大锅汤。菜根是舅母亲手腌制的，据她说现在商店里也卖现成的了，但远不如自家制作的好。当然了，舅母都是一棵棵挑选出上好的青菜，洗净后用粗盐泡在祖传的陶罐里——封口后三个月即可食用。截下菜头炖汤，菜叶也不会浪费，切碎后用香油凉拌——喝粥时当小菜。冬天的菜根汤，是在取暖用的煤炉上炖的，比煤气灶的文火要有效得多。边吃边添——舅母不断地揭开锅盖。端在嘴边的汤永远热乎乎的，如同乡情的温度。满屋子都是肉香和菜根香。有部古书叫《菜根谭》，不知里面是否说过嚼得动菜根的人聪明（记不清了）。喝老家的菜根汤时，我想到了《菜根谭》。

鸡汤更不在话下了。江苏人炖鸡汤，爱选用老母鸡。炖好的鸡汤漂满一层黄油。喝下后直觉得自己的肠胃也像磨合好的机器般润滑了。炖此汤时搁几把黑木耳或蘑菇，吸吸油。汤喝完了，整只鸡的骨肉还在。可把烂熟的鸡肉一条条撕下来，堆成一盘白斩鸡，蘸着加几滴香油的酱油吃。

江苏人做鱼汤的花样不多。一般只做鲫鱼汤。以前困难时期，主要留给产妇吃——有催奶的效果。现在男女老少都爱喝了。鲫鱼汤最好用铁锅炖，汤汁像牛奶一样白。鲫鱼多刺，挑剔出的肉块搁在加有姜末的醋碗里，能吃出螃蟹的味道，其肉是太细腻而鲜美了。

老家的汤实在是太多了，举不胜举，只好加以省略。最后要说的一道汤肯定是江苏特色：河蚌咸肉汤。产河蚌的季节，将肥硕的蚌肉从壳里挖出来，洗净切块，加入咸肉丁文火炖三个小时，一锅既有河蚌鲜味又有火腿味的汤就做成了。此汤的滋味不易用语言描述，你有机会去江苏喝一次就知道了。我走南闯北，遍访各地美食，至今仍认定此乃“天下第一汤”，在鲜美方面无出其右者。用老家人的话来概括最合适：喝一口河蚌汤，鲜得人下巴都快掉了。

老家的汤哟！至今仍在记忆中滋润着我这个远方的游子。我就像搁浅的鱼思念波光荡漾的池塘一样，想象着老家的汤……

满汉全席，大清最后的晚餐

满汉全席令我联想到清朝，联想到那由富贵走向腐朽的朝代。据说清入关以前也很朴素，所谓的宫廷筵席极其平民化，不过是露天铺上兽皮，众人围拢着炖肉的火锅盘腿而坐，类似于今天的野餐。《满文老档》记载："贝勒们设宴时尚不设桌案，都席地而坐。"然而当他们坐定了江山之后，越来越讲究排场了——表现在饮食方面就是形成了满汉全席。最初清宫宴请文武大臣，满汉席是分开的。康熙皇帝曾多次举办动辄数千人云集的"千叟宴"，其中一等席每桌价值白银八两，据此推理，这样的大型宴会真是一掷千金。乾隆年间满汉全席自宫廷流入民间，一时风行神州。

清朝的满汉全席，似乎以扬州为最（作为江南的官场菜），李斗的《扬州画舫录》里有详细记载。我又分别查阅了川式、广式、鄂式满汉全席的膳单，发现各地因口味不同，菜目也大有差异，但几乎都以山珍海味为主体。虽未现场亲临，仅仅这一份份文字的菜谱就令我眼花缭乱。古人啊古人，为什么对吃有这么高的热情，这么多的创造？

满人宴饮有吃一席撤一席的习俗，这对满汉全席构成最大的影响，使之不再是一餐之食，一夕之食，需分全日（早、中、晚）进行，或分两日甚至三日才能吃完——可见其菜肴品种的繁多。满汉全席就是以这种多餐甚至持续多日的聚餐活动而著称。从日出吃到日落，从今天吃到明天，在那样的环境中，人仿佛变成吃饭的机器了，吃饭也变成某种机械的行为。这种狂吃滥饮、饱食终日的方式，即使在物质文明极其发达的今天看来，也是太奢侈了。吃的人难道不心疼吗？难道不空虚吗？

满汉全席大多在宫廷及官场盛行，由此可见，类似于后来的公款吃喝吧？长年累月地吃下去，还不把江山给吃空了？把老百姓吃苦了？春风得意的大清王朝，最先肯定是从饭桌上开始腐朽的。它首先失败在饭桌上，然后才失败在战场上。当清王朝慢条斯理烹饪、享用满汉全席之时，垂涎三尺的西方列强，却在紧锣密鼓地打制坚船利炮。天下没有不散的筵席，铺张浪费的满汉全席，正如清朝的历史一样，顶多只够吃几百年。一个曾经不可一世的华丽的王朝什么也没留下，只留下一桌冷冷清清的剩菜残羹——就像留下圆明园的断墙残柱一样，供后人瞻仰并且嘘叹。所谓的鸦片战争，是清朝走向黄昏的标志——这已是它最后的晚餐！

美食地图

古话说南人北相者或北人南相者贵，酒也如此，南酒北味者或北酒南味者，都非凡俗之辈。我在洋县的酒坊听到南方的呼唤，又从这黄酒里品出北方的滋味。

广东的吃

广东人是很好吃的——饮食对于他们不仅是生理的需要，更是一种嗜好。他们在饮食中体会生活的滋味乃至本质。广东位置靠海，广东人便较内陆人更有口福，粤菜也以生猛海鲜而著称。不仅水里游的，而且天上飞的、地下跑的——广东人简直无所不能吃，他们天生一副好胃口，以博大的兴趣对待形形色色的食物。据说中国古代，最早吃蛇的就是广东人，然后才逐渐传到中原。《倦游杂录》载："岭南人喜啖蛇，易其名曰茅鳝"。为了可以名正言顺地大吃特吃，甚至给蛇改名了。这种充满趣味的事也只有广东人能做得出。《清稗类钞》也说："粤人嗜食蛇，谓不论何蛇，皆可佐餐……其以蛇与猫同食也，谓之曰龙虎菜。以蛇与鸡同食也，谓之曰龙凤菜。"甚至以龙来喻蛇了。广东人持箸之时，便有了降龙伏虎的自我感觉。不管怎么说，第一个吃螃蟹的人总是可敬的，广东人堪称饮食的勇士。

广东人把打电话聊天叫作"煲电话粥"，很形象很生动的：煲粥需要文火，需要慢功夫，电话聊天也需要和风细语，逐渐加温……生活中的种种事物，似乎都可以跟饮食联系起来。广东人的想象力，大多建立在饮食的基础上，所以广东有着最发达的饮食文化。这并不妨碍他们做生意的精明，而且，他们最喜欢在酒桌上（包括喝早茶时）谈买卖并且成交——这是一些很生活化的商人。与之相比，上海人估计更习惯在办公室里认认真真地讨价

还价——谈妥了才有指望他请客的可能，若是谈崩了，就各走各的各吃各的去吧。

煲粥是广东人的基本功，那里的鱼片粥、皮蛋粥等，品种丰富，各有各的味道，与内地人习惯的白粥不可同日而语。在一碗小小的粥里面，广东人都这么愿意下工夫，精益求精，可谓用心良苦。有这样的态度，他们的生活怎么可能单调呢？我更欣赏的还有广东人煲汤的耐心与手艺。我去广州出差，当地人请吃晚饭，一般都在下午就提前给餐厅打电话订好汤，餐厅的厨师会马上行动起来，在灶上用文火慢慢地炖汤（像煎熬中草药似的）。等到客人来时揭开汤锅，满屋子都是浓得化不开的香味。这花了好几个钟头煲出的汤（其中有不少补品），醇厚得简直像精心酿出的酒——喝一口，浑身热情洋溢。营养与滋味全在这汤里面了。而且广东人都是在吃饭之前先喝一碗汤的，既开胃又滋补。煲汤对于他们简直是一道不可或缺的仪式或功课。据说他们家家户户的灶火上，都如此日复一日、没完没了地煲着各种各样的汤。想象着这样的场面，你能不为广东人对生活的热爱（以及津津有味的生活态度）而感动吗？广东人还是很值得学习的。

云南的吃

云南的吃，这题目太大了。云南有众多的少数民族，每一个民族都有各自的饮食风俗与传统。你若挨个儿去村村寨寨里做客，连吃三个月回来，记忆照样会混淆的。除非你随身带个本儿，每顿饭后都加以记录，少不了还要向主人打听：这道菜叫什么名，怎么做的，用了哪些材料？不管听懂了没有，先写下再说。前提是身边得有个翻译，否则语言都不通呀。想一想都累：这哪像去云南尝鲜的，分明在搞社会调查嘛。我认识几位去阿佤山采风的音乐家就如此，为了追寻那些快失传的民歌，带了厚厚一沓空白的五线谱稿纸做记录。我用不着这样，因为美食不会失传的。我去滇南滇北好多次，都只带了一张嘴，甚至懒得装模作样往上衣口袋插杆圆珠笔。该记住的，我全记在脑子里，否则记在纸上也白搭。

美食是一种经历，更是一种记忆。能在记忆里留住的美食，才算永恒。让你到老到死都忘不掉那一口儿，想起来就馋，恨不得能故地重游，旧梦重温。仿佛美食依旧在原地等你。

说是写云南的吃，我其实在写云南的吃的记忆。只对我个人有效，也都是一些零碎的细节，怎么也不敢自夸吃遍云南的。我有那么大的肚皮吗？我有那么好的脚力吗？

说起云南的吃，首先让人想到过桥米线。过桥米线已经通俗化了，国人皆知。估计再过几年，快跟兰州牛肉拉面似的，在各地都能吃到。我在昆明民族村附近一家星级宾馆（记不得几星了），吃过极豪华的过桥米线，估计是招待外宾的。满满一大海碗，漂着厚厚一层黄澄澄的鸡油，看上去像冷的，舀一小勺递进嘴里，直烫舌头。下在碗里的配料除鸡丝及各种菌类之外，甚至还有海参、鱿鱼卷、鲜虾仁、蟹黄什么的。真是像大海一样的碗啊。唉，过桥米线都可以做成生猛海鲜的了。再这么发展下去，恐怕能吃到完全用细腻的鱼翅做成的米线。

那一碗豪华版过桥米线多少钱？因是当地企业家请客，我没好意思打听。不会比一张机票贵吧？

若天天吃这种过桥米线，油腻得一定让人想去洗胃。我亲自动手洗了一回。不是用肥皂水，而是猛灌下一大罐鲜榨芒果汁。好在云南有的是新鲜水果。

最可口的过桥米线，是在大理吃的。蝴蝶泉边，有一些卖米线的挑子。我点了一碗，当早点。摊贩把米线在汤锅里烫了一下，就端上来，浇上一勺辣椒油烧牛肉片，喷香。最可口的过桥米线，居然是最朴素的过桥米线，两块钱一碗。可能因为我饿了，或周围的风景好，吃得很舒畅。饱暖之后不禁浮想联

翩：阿诗玛或五朵金花，就是吃这种米线长大的吧？云南的少数民族姑娘，真漂亮。美食，必定产生在有美女的地方。即使没有美女，也要有美景。

汪曾祺也谈过云南的吃，谈的都是菌类："我在昆明住过七年，离开已四十多年，忘不了昆明的菌子。雨季一到，诸菌皆出，空气里到处是菌子气味。无论贫富，都能吃到菌子。"牛肝菌、干巴菌、鸡油菌、青头菌，即使最名贵的鸡枞（被称为菌中之王），昆明街头的大小餐馆都有售。菌类似乎跟蔬菜一样普及。云南是植物王国，不吃菌子等于没来云南。我还觉得，吃菌子最好别在城里，要到乡下吃，山里吃，才能真正品味到土腥味与野趣。尤其是少数民族用土法炮制的菌子，比肉还要好吃。毕竟，这些造型古怪、色彩诡异的"蘑菇"（我以前对菌类的了解仅限于蘑菇、木耳之类），是钢筋水泥的丛林长不出来的。

鸡枞之所以叫鸡枞，在于能吃出上好鸡肉的味道。汪曾祺形象地称其为植物鸡。我在沧源佤族村寨的茅草屋檐下吃了一大盘干烧鸡枞（很明显是刚从原始森林采回来的），就着新酿的乳汁一样白的苞谷酒。嚼着嚼着，差点找不到舌头长在哪里了。可别把它跟鸡枞一块咽下了。

而在西双版纳，傣族喜欢烧烤，不仅烤鳝鱼、烤竹鼠肉、烤鱼片，连菌子乃至竹笋都烤了吃。烤菌子最好用香茅草的叶子为佐料，香上加香。云南有个地方叫思茅，香茅草的"茅"。谁在思念香茅草呢。

我从昆明投奔中缅边境的沧源，整整搭乘了两天两夜的汽车，沿途经过无数的城镇与村寨，还翻越了横断山脉与澜沧江。一路捎我的是沧源佤族自治县的公安局长及几位干警。每到就餐时间，他们挑一家公路边的小饭馆，点一只活鸡宰杀，用辣椒炒了搭着米饭吃。山中的土鸡鲜美得很，跟城里喂饲料大规模养殖的洋鸡相比，真是天壤之别，就口感而言，简直不像同一种动物。一路上我吃了拉祜族、布朗族、基诺族做的鸡，手法各异，都很开胃，使漫长的旅途一点儿不显得枯燥。我发现云南人都爱吃鸡。

每次开饭，公安局长都要把鸡头夹给我，说是按风俗应该献给酒席中最尊贵的人。我不会吃鸡头，推辞了，请局长自用。他总是把鸡头剥开，仔细看半天，然后才下口。我问他做什么，他笑而不答。直到进入阿佤山，吃到佤族最经典的鸡肉烂饭（将鸡块与米饭一锅煮熟，并加上调料搅拌），他边剥鸡头边告诉我：佤族人自古用鸡头算卦，预测当日的吉凶，会看的人能看出门道。以前打仗前或旅行时都要这么算一卦的。有的头人带领队伍攻打另一座山寨，中途打尖时一剥鸡头，发现运气不好，连忙撤兵。当然，现在快演变成就餐时的游戏了，如同用扑克牌算命。想不到小小鸡头包含有如此玄机。

云南人能吃辣，丝毫不逊色于四川、湖南、江西。在阿佤山寨，几乎家家火炕上都挂着一串串干涮辣。涮辣是阿佤山土特产，拇指般大小，形状呈不规则的椭圆，比内地的辣椒要厉害多了，堪称辣椒中的辣椒。之所以叫涮辣，在于只需在菜汤中涮一番，菜汤就其辣无比。据传说（可能有点夸张）：佤族人房梁上吊一根线，系着一颗涮辣，在下面支起火锅，涮一下，赶紧把线收上去，下顿饭还可以接着涮。不知可以重复使用多少次？假如真这么刺激，涮辣该评为辣椒之王了。

沧源县长招待我吃了牛肉酸菜。这种酸菜跟东北的不同，是阿佤人特制的干酸菜。据当地人介绍干酸菜的做法：先砍一筒两尺长的龙竹洗净晾干，将青菜装入压紧塞满，加一定量的米汤，再用烘过的芭蕉叶封好竹筒口，置于火塘边加热，几天腌酸后即可启封，用竹篾扎成捆晒干即成。它散发着北方酸菜所没有的一股竹香味。牛肉酸菜，则是将晒得七成干的牛肉干巴同一把小豆、一把旱谷米煮烂，倒入用温水泡散并切碎的酸菜，煮至汤汁呈黏稠状，添加辣椒、花椒、姜丝、三叉叶、五茄叶等佐料，还要炼半勺牛油，把一块烧红的盐巴放入勺内，迅速倒入锅中搅拌均匀，撒上葱花、薄荷，即可出锅。牛肉酸菜促使我多喝了两杯苞谷酒。至于烹饪办法，则是我跟主人借了杆笔，根据他的口述记录下来的。不是为了提供给你模仿（没有当地的原材料，很难仿制），纯粹觉得好玩。在阿佤山，做什么菜都跟酿酒似的，需要下好大功夫的。

其实在整个云南都如此。云南菜，仿佛是各个民族色香味的大比拼，都渗透着一种说不清道不明的神秘感。

下面该说说西双版纳了。那是我经常梦游的地方。

我一开始就说过，云南的吃，题目太大。不说别的，光是西双版纳的吃，就够写一本书了。西双版纳有傣、汉、哈尼、拉祜、布朗、彝、基诺、瑶、佤、白、回、壮等十多个民族，饮食文化丰富多彩。弄懂了西双版纳的吃，差不多就能弄懂云南的吃。

西双版纳是傣族自治州。傣族的吃，在其中又是很重要的。

傣族人吃饭，简单时太简单，讲究时又能很讲究。先说简单的。傣族与糯米结有不解之缘。去地里干活或去林中打猎，通常用芭蕉叶包一团热糯米

饭，里面再塞点辣椒、烤肉、腌菜之类。往怀里一揣，走到哪儿饿了，打开来，芭蕉的香味已浸透到糯米里。这有点像日本的饭团，加了生鱼片、酱油的寿司呀什么的。况且连碗筷都用不着，携带方便，出行时比啃面包、啃馒头强多了。

若有条件的话，还可以做竹筒饭。一定要用当地的香竹（细得跟旗杆似的），因其内壁有一层其香无比的竹膜。将盛米的竹筒（一端用芭蕉叶塞堵）在火灰堆里烤熟后，撕开薄薄的竹片，发现乳白色竹膜已粘在米饭上。即使没有菜，香竹饭吃起来也不觉得寡淡。当地人将其当点心。

在西双版纳几天，州长请我品尝各种傣家风味菜。吃得我晕头转向：那些烤、蒸、剁、腌、煮、炸的菜肴，要么我记住了菜名却猜不出做法，要么打听到做法又混淆了菜名。岩庄告诉我：傣族风味菜肴，可以酸、辣、香、脆四字来概括。他知道我来采风，偏重于饮食习俗，就送了本《西双版纳风情奇趣录》（征鹏、杨胜能著），供我日后写作时参考。

今天写西双版纳的吃，这本书可帮上大忙了。

我在北京重读，仿佛又去西双版纳吃了一遍。种种滋味，再上心头。谨查阅一下给我印象最深刻的几道菜肴。

南瓜花肉馅：将五花猪肉去皮洗净、剁碎，再把肉跟南瓜花剁在一块，拌入切好的葱、蒜、盐等配料。肉馅分成若干份，每份塞进一朵南瓜花里包好，用竹片夹住放在火炭上烘烤。将滚烫猪油淋在烤熟的南瓜花上，等油滴干以后，肉馅呈深黄色，切开食用。这倒是一种食花的办法。云南花多，光是看而不能吃，多浪费呀。应该有视觉、嗅觉、味觉的多重享受。

叶包蒸猪肉：将猪肉剔皮剁碎，并将香茅草结成一个小疙瘩，和切好的葱、蒜、青辣椒一起放入肉盆中，撒上花椒粉与盐，调匀，然后按一两一份分成若干份，用芭蕉叶包好，放入蒸屉蒸熟。形状像粽子，肉软酥香，花椒味也很能“压阵”。

粽包蒸脑花：把猪脑花划成小块，将猪舌头剁细，与切好的葱、姜、大芫荽、野花椒、蒜、青辣椒、盐拌匀，分成若干份，每份放一片香茅草叶（结成小疙瘩），用芭蕉叶包好装入甑子里蒸熟。异常软嫩。

腌牛脚筋：将黄牛头、黄牛脚用开水一烫，刮毛后放到火塘上烧透，放入大盆里用水泡，再用小刀刮洗干净，切成小块放入大铁锅煮烂。将煮烂的牛头牛脚放凉，剔掉骨头，切成条状放入大盆，用淘米水浸泡数小时后捞出，再用冷水淘洗干净，滤干。将红辣椒切碎，姜、蒜舂碎，加盐，连同野花椒叶一起拌拢，装入瓦罐密封。半月后即可食用。呈乳黄色，清凉爽口，适合下酒。

还有夹心香茅草烤鱼、蒸笋肉、马鹿肉剁生、酸猪脚、酸笋鸡肉、酸笋煮鱼、煎荷花蛋蛹等，就不一一列举了。

到傣家竹楼做客，主人会邀请你用叫作“南泌”的酱下饭，可分为螃蟹酱、番茄酱、鱼酱、辣椒酱、竹笋酱、蔬菜酱、花生酱等多种。我尤爱叫作“南泌布”的螃蟹酱，用糯米饭蘸着吃，既鲜又辣，额头自然渗出细小的热汗，相当于给胃洗一回桑拿。

除傣族外，布朗族的饮食也很有意思。主要表现在制作方法简单。以前由于较贫穷，“家里除了火塘上的铁三脚架、铁锅之外，很少使用铁质器皿。不少群众用砂锅煮饭，用竹节做碗、勺、匙，甚至舂盐和辣椒的器皿也是竹盆，用竹筒代茶壶的现象更是处处可见。”（征鹏、杨胜能语）烹饪方法以清煮为主，缺油寡盐也能对付。为节省碗筷，每人端着一段芭蕉叶盛饭盛菜，用手抓着吃。真会就地取材啊。当然，现在富裕多了，早已结束了手抓饭的历史。

都说巧媳妇难为无米之炊，可布朗人在野外劳动时没有锅灶的情况下，也能想出办法做饭。布朗族名菜卵石鲜鱼汤即是一例。除当场捉到的活鱼和随身携带的一点盐巴外，不用任何佐料。“只要在沙滩上刨一个坑，在坑内铺上几层芭蕉叶代替铁锅，然后装上清水和鲜鱼，再将河中卵石取来放在火塘（或野外火堆）内烧红，将烧红的卵石一个接一个地投入装有清水和鲜鱼的芭蕉叶‘锅内’，于是不用锅不用油的鲜鱼汤便烧成了。这种鱼汤味甜，而且有烧石的干香，吃起来别有风味。”（引自《西双版纳风情奇趣录》）这是渔民或猎人在野外抓到鱼后，既馋又饿，临时想出的笨办法。仔细推敲，又一点也不笨，聪明着呢。还有谁能在没有火堆支架和锅的尴尬境地里，做出既解馋又抵饿的鱼汤？人为了满足口腹之欲，很会让“脑筋急转弯”的。

还有一点很重要：必须带着火种。否则绝对喝不上鱼汤，只能改吃“三文鱼刺身”了。

西双版纳的村寨，家家都有火塘。靠火塘做饭，靠火塘取暖，夜间还靠火塘照明。

我去僾尼人家中吃过包烧肉。圆形篾桌支在火塘边，以靠近火塘的席位为首席，一般留给长者。包烧肉，就是将瘦肉剁细，加上苤菜根、香蓼、芫荽、辣椒等佐料，用芭蕉叶裹上三四层，埋于火堆内，主人和客人一边聊天一边等肉慢慢烧熟。扒拉出来，剥开烧焦的芭蕉叶，喷香。客人也顾不上客气了。

坐在火塘边，还可以用夹棍烤鱼、烤肉。通常将鱼或肉剖开，抹上各色调料，夹在特制的棍子上，伸入火塘中慢慢烘烤。饮食因为带有游戏般的可操作性而充满乐趣。

想起西双版纳的民间饮食，我仿佛就看见一口深挖在屋子中间经久不熄的火塘，上面支有铁三脚架，吊着铁锅、砂锅啊什么的。锅里煮的什么，要等盖子揭开了才能知道。可我已提前闻到了泄密的香气。

我还看见火塘边被映红的一张张面庞。火光使他们的表情更为神秘，也更为丰富。

不知多久以后，火塘会废弃，里面残留有陈年的灰烬。当地人，迟早要改用煤气灶做饭。方便倒是方便了，是否也会缺少一些古老的乐趣？

我很尊敬并羡慕那些在火塘边长大的人们，他们体会过真正的人间烟火。

傣族的传统饮食，最令我惊奇的莫过于吃青苔了。这种风俗我在其他地域都很少听说。所以在云南采风的时候，我赞美傣族不仅是以孔雀、大象为吉祥物的民族，而且也是一个热爱青苔的民族——青苔在他们的信仰中或许另有一层含义？至少，这是最贴近土地与水源的植物了。

傣族是西双版纳的主体民族。西双版纳，傣语原意为十二个田赋单位，后演变为十二个行政区。“西双”即十二，“版纳”即一千块田（相当于汉语中的千户）。我路过勐腊县勐捧镇的曼哈告，问向导这个地名是什么意思。向导答复：“曼”为寨，“哈”为咬着沙子，“告”为旧，意为“咬着沙子的旧村寨”。封建时代这里是专为召勐捧（勐捧土司）采青苔的奴隶寨。我忙问采青苔作何用？向导说：当然是吃——那时候青苔可是好东西，属于傣家人敬贡贵族和招待客人的上等食品。据说有一次曼哈告的人采摘的青苔没洗干净，土司嚼食时多次咬着沙子，很生气：“你们怎么搞的？青苔都洗不干净，沙子我都咬到了几次。”于是曼哈告这个村寨因而得名。我由这个典故，得知青苔居然是可食用的。

傣族人家大都傍水而居，偏爱水生藻类植物做成的菜肴，傣语称为“改”和“捣”的两种青苔更为其首选——据说这两种藻类植物营养丰富，口味独特，可从水里捞出洗净后，加工成青苔干片食用。估计就像内陆的汉人吃晒干后的紫菜的方式，嗜好那种清香的海味，而且便于贮藏。

“改”指附在江河里鹅卵石上的青苔，草绿色，呈丝状。因为只在阳历的一、二、三月间有，所以需及时打捞出来，制成青苔干片以备全年食用。将洗净的青苔丝拉开，压成直径一尺左右的薄圆饼晒干，叫“改义”。吃法有多种。可以用炭火烘烤，然后用手揉碎在砂锅里，加葱花、油盐烩炒，搭糯米饭吃尤其精彩。还可捣碎后和鸡蛋拌匀，加葱、蒜、芫荽、油、盐等作料放入蒸笼里蒸（青苔鸡蛋羹）。当然，还可以煮入肉汤或鸡蛋汤……将洗净的青苔压成薄饼，洒上加盐的姜汤后再晒干，叫“改英”。吃时用剪刀剪成手掌大小的小块，用竹片夹住，抹上猪油，在炭火上稍加烘烤，即可用来下饭；也可直接在锅里油煎……

“捣”指湖泊、鱼塘里的青苔，估计与江河里的滋味稍有区别——傣家人肯定最清楚。吃法也最有戏剧性。捞出洗净后盛在大海碗里，加姜、葱、蒜、盐等作料，兑上水，随即轻轻放入一块烧红的鹅卵石——伴着汤水沸腾的声音，一股海鲜的香气腾云驾雾。一眨眼青苔就熟了，可用糯米饭团蘸食——此可谓“快餐”也。

以上皆为根据当地人的讲述所做的记录。青苔的菜肴，我并未亲口尝试过。倒是很想尝鲜，可惜没有口福——遍寻版纳的餐馆，没见到这道特色菜。莫非它已退出了当代的宴席？在我生活的都市里，自称美食家的很多，但品尝

过青苔滋味的——恐怕寥寥无几。我至少还算听说过。听说过这道快失传了的美味，记录下来，聊以备忘也。

杭州的吃

在我没去过杭州的时候，就知道西湖边有家楼外楼，所谓楼外楼，酒楼也。应该算是老字号吧。

楼外楼名字起得好。一听就跟杭州有牵连。这得益于南宋时的那首名诗："山外青山楼外楼，西湖歌舞几时休。暖风熏得游人醉，直把杭州当汴州。"在我想象中，楼外楼肯定有很密集的雕花窗户。一扇扇推开，不仅能看见山外青山，说不定还能看见一幅亦真亦幻的《清明上河图》，只不过人物、场景、情节全移用在西湖了。至少南宋时，西湖笙歌不息的美景，是在抄袭《清明上河图》里呈现的那种富丽与繁华。它居然还真把许多游客的朦胧醉眼给欺骗了。

西湖是旧中国的一大销金窟。楼外楼，相当于安在销金窟上的一副铁门环。要想逛西湖，先到楼外楼喝杯酒吧。带点醉意游览，不是更有滋味嘛。我看青山多妩媚，料青山看我亦如是。

20 世纪 90 年代初，汪曾祺老先生还活着，我常去蒲黄榆他家中聊天，听他多次谈起杭州的楼外楼。汪老移居北京这么多年，居然一直惦记着江南的鱼米之乡。他清楚地记得：1948 年 4 月，在杭州西湖的楼外楼，第一次喝到莼菜汤。此前他甚至没有见过莼菜。在他老家高邮，人们大都不知莼菜为何物。我不知青年时的汪曾祺初次品尝的莼菜汤，是怎么做的。估计跟鲈鱼一起炖的，莼菜鲈鱼羹，是江南最经典的三大名菜之一。"莼鲈之思"，已成中国乡土文化的一个符号。这是一碗“文化汤”啊。

莼菜是很娇气的水生植物，对水温与水质比较挑剔。但这难不倒西湖。西湖的水多好呀，如果养不活莼菜，那么莼菜在别处同样该绝种了。西湖的莼菜绝对属于精品。在北京的超市，我也见过罐头装的西湖莼菜，价钱很贵的。

西湖，应该也产鲈鱼的。

用西湖的莼菜、西湖的鲈鱼，加上几勺西湖水，煮一锅莼菜鲈鱼羹，想一想是什么滋味啊。尤其，应坐在西湖边的楼外楼喝，边喝边欣赏波光山色。哦，湖风透过窗户吹进来了……

近水楼台先得月。这一切，是楼外楼可以做到的。又似乎只有楼外楼才能做到。

汪曾祺讲述 50 多年前在杭州楼外楼就餐的情景，甚至提及墙上张贴的字画，以及桌椅摆放的位置。我不禁猜测：是老人的记忆太好了，还是那碗莼菜汤——太令人难忘？

他还跟我说起楼外楼旧时的一道名菜：醋鱼带靶。所谓“带靶”，即将活草鱼脊背上的肉剔下，快刀切成薄片，其薄如纸，蘸好酱油，生吃。类似于日本三文鱼的吃法。1947 年春天，他在楼外楼品尝，觉得极鲜美。数十年后有机会再去，想点这道菜，已没有了。他轻叹一声："不知是因为有碍卫生，还是厨师无此手艺了。"

汪曾祺是美食家，写过不少谈吃喝的散文。一般仅限于议论食物及其滋味，很少提及具体的哪家餐馆，但对杭州的楼外楼却破例了。楼外楼的名字，在他的文章中多次出现，而且用的都是强调的语气：某某菜，是我在杭州楼外楼吃的。生怕别人不知道似的。

看来楼外楼确实挺有本事的。

谈论杭州的吃，似乎无法绕过楼外楼了。正如谈论杭州的风景，无法避开西湖。

西湖边的楼外楼，用美景来烘托美食。酒助游兴，到断桥上走走，最好能遇见一位白娘子那样的美人。哪怕只是远远地看一眼，也足够了。

西湖啊西湖，什么时候能让我——圆一把当代许仙的梦？

杭州的姑娘，夏天最好别穿白裙子。那会让我这个远道而来的书生，想入非非的。

把酒楼外楼，独自莫凭栏。不怕看傻了吗？

来了杭州，入乡随俗，最好喝黄酒。绍兴产的，加饭呀花雕呀什么的。我不想金榜题名，没点状元红，却要了一小坛女儿红——一听这名字就觉得很性感。可见我不爱江山爱美人。孤独的人，喝一杯女儿红，就不孤独了。

今朝有酒今朝醉，莫使金樽空对月。楼外楼，成了我的聊斋。我在西湖边大醉一场。脑海里反复播放一部古装电影，片名叫《白蛇传》。

唉，许仙邂逅白娘子的时候，是哪一年？楼外楼酒家是否已开业了？邀请他们进来坐一坐嘛。避避雨，说说话，不要担心台下的观众听见。喂，老板，有没有情侣套餐——带烛光的那种？纪念一下嘛。

杭州的饮食是宽容的，即使你喝不惯黄酒，还可以点一杯好茶。对了，汪曾祺说过他在虎跑泉边喝的龙井：“真正的狮峰龙井雨前新蕾，每蕾皆一旗一枪，泡在玻璃杯里，茶叶皆直立不倒，载浮载沉，茶色颇淡，但入口香浓，直透肺腑，真是好茶！只是太贵了。一杯茶，一块大洋，比吃一顿饭还贵。狮峰茶名不虚，但不得虎跑水不可能有这样的味道。”

杭州人是有福的，总能最先喝到顶新鲜的龙井茶。它又跟最古老的爱情混淆到一起了，许仙和白娘子的爱情。西湖，出产龙井又出产爱情。

正因为太富有了，反而不知道珍惜。杭州人，甚至拿上好的茶叶来做菜。楼外楼里有一道招牌菜——龙井虾仁，就是用龙井茶制作的。（听汪曾祺说，杭州还有人用龙井茶包饺子，可谓别出心裁。他本人还吃过一块龙井茶心的巧克力。）

初听龙井虾仁的菜名，以为是刻意求新或恶作剧。当我亲口品尝之后，才觉得这茶叶用得并不算浪费了。这些虾子香得像是在茶叶水里长大的。

这究竟该算作一道素菜呢，还是算作一杯“荤茶”？

雷峰塔是整个杭州文化的避雷针。在西湖，一走上断桥，我仿佛成为许仙的化身；一看见雷峰塔，就想起曾遭到无情镇压的白娘子。她是否已经彻底解脱？雷峰塔，倒掉了再重建。重建了，必然还会再倒掉。我们暂时安全地躲在雷峰塔的影子下，仰仗着传统道德的庇护，却又忍不住好奇，耸起耳朵，偷听惊世骇俗的爱情所爆发的电闪雷鸣。让暴风雨来得更猛烈些吧，我不是海燕，却乐于做海燕的观众……

眺望雷峰塔，应该吃螃蟹的。为什么？传说大和尚法海，藏匿在螃蟹的壳里。螃蟹成了这位伪道学先生偷渡的潜艇。

1923 年 10 月 21 日，徐志摩领着胡适等人游湖，在楼外楼点了大闸蟹：“看初华的芦荻，楼外楼吃蟹，曹女士贪看柳梢头的月，我们把桌子移到窗口，这才是持螯看月了：夕阳里的湖心亭，妙；月光下的湖心亭，更妙。”

根据徐志摩的性格，他一定同情白娘子的：“我爱在月光下看雷峰静极了的影子——我见了那个，便不要性命。”他本人也像灯蛾扑火一样追求超越世俗的爱情。志摩啊，是个比许仙要勇敢得多的情种，他后来果然遇见了自己的白娘子：已嫁作人妇的陆小曼。但他没有停步，而是跟陆小曼协力打破道德的桎梏，哪怕撞得头破血流……

志摩与小曼分别离婚，于1926年10月3日结为金兰之好。在婚宴上，志摩的导师梁启超，毫不客气地发表一篇演说，严厉批评了这一对新人：“年轻人往往受到自己的感情所驱使，不能控制自己，破坏了传统的安全保障。他们掉进了使他们遭受苦难的陷阱。这确实是可悲和可怜的……”大启蒙者梁启超恐怕意识不到，这一回，自己多多少少扮演了法海的角色。我，则永远站在许仙与白娘子一方，站在志摩与小曼一方。

在楼外楼小酌，用一些浪漫的往事作下酒菜。推窗而望，西湖便融入胸怀。苏堤、白堤，是伸向远方的一双筷子。这一回，该从这海碗里夹点什么呢？

断桥，不断。不断地会有新故事发生……

结账时发现，楼外楼的菜价，比别处（如庆元楼之类）偏高一些。看来它不仅卖饮食，兼而卖风景。但还是让人觉得挺值的。

独此一家，别无分号。楼外楼的外面，再没有楼了。剩下的就是一片泱泱湖水。假如你从波光潋滟中偶然发现还有什么画栋雕梁，绝对不是别的，而是楼外楼的倒影。

徐志摩在《丑西湖》一文中称自己“也算是杭州人”。徐志摩的时代，楼外楼究竟什么面貌，我很想知道。“那我们到楼外楼去吧。谁知楼外楼又是一个伤心！

原来楼外楼那一楼一底的旧房子斜斜地对着湖心亭，几张揩抹得发白光的旧桌子，一两个上年纪的老堂倌，活络络的鱼虾，滑齐齐的莼菜，一壶远年，一碟盐水花生，我每回到西湖往往偷闲独自跑去领略这点子古色古香，靠在栏杆上从堤边杨柳荫里望滟滟的湖光。晴有晴色，雨雪有雨雪的景致，要不然月上柳梢时意味更长，好在是不闹，晚上去也是独占的时候多，一边喝着热酒，一边与老堂倌随便讲讲湖上风光，鱼虾行市，也自有一种说不出来的愉快。"让徐志摩伤心的，是原本富于村野情趣的楼外楼，也进行了"精装修"，"这回连楼外楼都变了面目！地址不曾移动，但翻造了三层楼带屋顶的洋式门面，新漆亮光光的刺眼，在湖中就望见楼上电扇的疾转。客人闹盈盈地挤着，堂倌也换了，穿上西崽的长袍，原来那老朋友也看不见了，什么闲情逸趣都没有了！我们没办法，移一个桌子在楼下马路边吃了一点东西，果然连小菜都变了，真是可伤。"

这么多年过去，楼外楼还在继续变。雕花木窗该换成塑钢窗了吧？芭蕉扇变成电风扇，再变成中央空调。楼外楼，再这么下去，就差改卖西餐了。难怪汪曾祺要为在楼外楼，不再能吃到那道传统菜醋鱼带靶，而怅然呢。

这不是楼外楼的过错。其实，西湖在变，杭州在变。

连许仙与白娘子相遇的断桥，都早已经变了。我查阅改修前的断桥照片，桥身是高耸着的，两侧布满密集的台阶，桥中央好像还有凯旋门一样的石牌坊，一看就令人浮想联翩。可在 1923 年，就给断桥动了"大手术"："断桥在白堤北头，为外湖与后湖（俗名北里湖，即白堤西孤山北之湖）之交通路。桥基旧甚高，嗣修白堤汽车路，将桥铲平改修，故桥身甚低，与平常桥无异，使断桥之名不副实，交通便利矣，未免煞风景也。历史上、文学上最有名之白堤，修成汽车路，为大官、巨绅、富商及纨绔子弟谋便利，带上许多俗恶尘氛气……"（王桐龄语）在另一幅老照片里，断桥上的石牌坊已拆除，台阶也被垫平，桥栏杆一侧甚至竖起了一溜电线杆，一直延伸到整条白堤。断桥被修改成大马路，许仙若站在路边，你不会觉得他在等命中注定将出现的娘子，还以为是一位“白领”在招手叫出租车呢。

到某一天，《白蛇传》的故事也会失传吧?

楼外楼卖的都是大菜。其实，杭州小吃，一直蛮有味道的。据克士先生介绍：昔时杭州街尾，晨昏多有小贩穿行，挑着叫食担，曼声高唱“黄条糕!薄荷糕!条头糕!水晶糕!方糕!松子糕!……”仅做早点的糕就达十余种，更别提还有豆浆担、油豆腐担之类。杭州真厉害。所谓叫食担，是靠叫卖的，“声调抑扬，响彻里巷，与姑苏早晨之卖花声，上海早晨之卖报声，同一点染地方习俗……”苏州卖花，上海卖报，杭州卖吃的，由此可见这三座城市风格上的区别。杭州，不那么热衷于“形而上”，对口腹之欲却非常重视，认真对待。

杭州小吃，也以西湖为核心。据老人回忆，湖畔原先有数不清的茶座，如二我轩、三雅园、望湖居以及西湖码头上的西悦来等。卖茶，兼卖茶干及各种点心，有的还卖鱼生、醉虾、莼菜、醋熘鱼等特色菜。其中三雅园的楹联让人津津乐道。上联为：山雅水雅人雅，雅兴无穷，真真可谓三雅；下联是：风来雨来月来，来者不拒，日日何妨一来。

西湖小吃，当然讲究新鲜，以土特产为主。较有代表性的如刺菱、藕粉。

西湖产甜藕。磨制成藕粉冲泡，感人肺腑。涌金门外的“湖唇大茶肆”，有一家就借光命名为藕香居。“藕香居不靠湖，傍荷塘而筑榭，内有‘茶熟香温’一匾，为精室所在，即个中所谓里堂子者，面塘开窗，花时红裳翠盖，亭亭宜人，如清晨倚槛品茗，则幽香沁人心脾，无异棹舟藕荷深处也。今藕香居遗址犹存，而荷塘淤填，不胜煮鹤焚琴之慨。”（陈栩语）

1933年，郁达夫陪朋友沿钱塘江去溪口，走到九溪十八涧的口上，遇一乡野茶庄，就点了一壶茶和四碟糕点，掌柜的老翁又热情推荐他们自造的西湖藕粉：“我们的出品，非但在本省口碑载道，就是外省，也常有信来邮购的，两位先生冲一碗尝尝看如何?”

郁达夫答应了，喝下之后果觉不同凡响："大约是山中的清气，和十几里路的步行的结果罢，那一碗看起来似鼻涕，吃起来似泥沙的藕粉，竟使我们嚼出了一种意外的鲜味。"

饱暖之后，郁达夫更有兴致欣赏水光山色。正自得其乐，忽听耳旁的老翁以富有抑扬的杭州土音计算着账说："一茶，四碟，二粉，五千文！"

郁达夫觉得这一串杭州话太有诗意了，就回头招呼："老先生！你是在对课呢？还是在作诗？"

老翁目瞪口呆。达夫连忙解释："我说，你不是在对课么？三竺六桥，九溪十八涧，你不是对上'一茶四碟，二粉五千文'了么？"

这真是靠两碗西湖藕粉凑成的一副对联。

读到郁达夫的那篇游记，我都想喝一碗土法炮制的西湖藕粉了。

由西湖藕粉，我"意识流"而想到20世纪30年代的影后胡蝶。胡蝶跟林雪怀热恋时，曾邀约郑正秋、秦瘦鸥等人游西湖。据秦瘦鸥讲，走到平湖秋月那边，他跟林雪怀发生一点小争执，铁青着脸，互不理睬，险些闹僵。估计是胡蝶出面解围的，请大家喝藕粉。"亏得平湖秋月的藕粉真不错，每人喝了一碗，不觉怒意全消，依旧说笑起来。"气氛重新变得活跃了。想不到西湖藕粉还有排解纠纷的功效！可能因为美味让人心平神定吧。

后来，胡蝶与林雪怀在上海闹离婚，秦瘦鸥听说了，忽发奇想："想到平湖秋月去买二盒藕粉来，各送他们一盒，使他们喝了，也能立即平下气来，言归于好；但我不该偷懒，始终没有去，于是就不曾调解成功。"

我手头有胡蝶那次游湖的老照片，题为《西湖上的胡蝶女士（一九三四年）》。穿旗袍的胡蝶，光彩照人地坐在小舢板上，周围是连天的藕荷。她笑得可真够甜蜜啊。让我在几十年后看见，心里都甜丝丝的。

美人，如今你在哪里？是否还能记得那碗西湖藕粉？在平湖秋月，跟你的情人、朋友一起品尝的。

海宁的吃

我来海宁，抱有两个目的：主旋律自然是观潮，小插曲则是品尝当地美食。后者却跟大名鼎鼎的钱塘潮一样，给我日趋麻木的感觉带来一次震撼。确实不同凡响！

其实，在我来海宁之前，就对海宁的吃有耳闻。海宁是诗人徐志摩的故乡。1923 年 9 月 28 日，农历八月十八，海宁人祭典潮神伍子胥的日子，志摩邀约了胡适、陶行知、朱经农、马君武、汪精卫等一班名流来海宁观潮。众人在斜桥下火车，上了志摩早已租好的水网船，走十几公里水路，投奔观潮地盐官镇。他们一边欣赏两岸的江南水乡风光，一边还吃了一顿饭，是富有地域特色的船菜。这桌船菜的菜谱，在谁的回忆录中被记载下来：小白菜芋艿，鲜菱豆腐，清炒虾仁，粉皮鲫鱼，雪菜豆板泥，水晶蹄髈，芙蓉蛋汤……据说吃得胡适他们赞不绝口。

食物再好，留给人的记忆终究是短暂的，更令人难忘的则是就餐时的氛围乃至谈笑。有人先问经农："什么事这样得意？"精卫说："结婚吧？您得请我们吃喜酒。"行知说："比结婚还好。"精卫说："那么是生儿子了。"志摩说："生儿子不如结婚，结婚不如订婚，订婚不如求婚，求婚不如求不成。"精卫所猜，是一般中国人之心理，志摩所说，则体现了诗人的"另类"态度。陶行知根据这次"船宴"的笑谈写了一篇《精卫与志摩的喜事观》，发表在《申报·自由谈》上。有所感叹：失了恋才写得出好诗来，歌德失掉夏绿蒂而《少年维特的烦恼》一书却占据了普天下青年们的心灵，志摩知道这个道理却不能终身奉行；小曼答了一声 Yes 之后，诗神便向志摩不告而别了。他当然还会作诗，只是没有从前的那么好；这在爱读诗的人们看来是何等重大的一个损失啊……

一段诗酒喝酬的文坛佳话，使海宁的吃进入我的想象，使大半个世纪前那一班兴高采烈品尝海宁的船菜的各色名流，进入我的想象。他们的交谈，既像醉话，又耐人寻味。

我是带着对船菜的憧憬来到海宁的。三五好友，坐拥乌篷船上，听桨声悠扬，交杯错盏，闲谈漫议，简直置身于山水画中。这才是真正的江南：诗人的江南，隐士的江南，乌托邦一样的江南。喝的当然应该是黄酒（花雕或加饭），下酒菜，选择芋艿、鲜菱、豆腐、雪菜、鲫鱼、河虾之类的家常口味最好（可照搬徐志摩所点的那一套菜单）。在船上，肯定能品尝出在岸上所无法体会的某种滋味：无论它属于浓烈，还是散淡；属于醇厚，还是轻松……喝着喝着，钱塘潮就涨起来了。钱塘潮，首先在杯子里涨起来了；让我们的嘴唇成为它投靠的岸。钱塘潮，接着在所有的举杯的人脑海里涨起来了。是水在摇晃，还是船在摇晃？是船在摇晃，还是人在摇晃？是你在摇晃，还是我在摇晃？

钱塘潮，老白干一样易燃易爆的钱塘潮，啤酒一样冒着雪白泡沫的钱塘潮，黄酒一样散发鱼米之乡典型香味的钱塘潮，在桌布上涨起来了，在餐巾上涨起来了，在床单上涨起来了，在枕头上涨起来了，甚至就在我的袖口、领口，我的嘴角、眼角，涨起来了。醉吧！我渴望在海宁大醉一场。不是醉在床上，而是醉在船上。醉在以筷子为楫、以汤勺为桨、以酒杯为罗盘的船上。醉在有状元红、女儿红乃至船菜供应的乌篷船上。当然，最好醉在志摩接待胡适、陶行知等人的那条船上，或他迎娶陆小曼的那条船上（海宁徐志摩故居曾燃亮过志摩与小曼的洞房花烛夜）……

海宁硖石干河街中段的那栋中西合璧式小洋楼，是特意为志摩与小曼结婚而建造的。志摩深爱此屋，称其为“香巢”。有眉轩，志摩亲热地称小曼为眉并纵情谱写《爱眉小札》的地方。哦，在海宁，这是最让我陶醉的一个地点。诗的摇篮，爱的遗址，梦的废墟。曾有花开花落、日出日落、潮涨潮落。

海宁，你不仅仅是皮革之都、丝绸之府，那仅仅体现在商人眼里。

海宁，你不仅是潮乡、酒乡，还是诗乡、梦乡。是诗神与爱神嫁接的地方，酝酿出最美的梦。想志摩携带小曼在爱河里弄潮之时，一定由衷感叹：现实太美了，美得像假的；梦太美了，美得像真的。直至分辨不清是醉是醒、是真是幻，是在水里，还是岸上？志摩的浪漫与激情，惊世骇俗，挟雨带电，注定是爱河里的钱塘潮，构成旁人无法模仿、只能称绝的一道风景。

我来海宁，纯粹为了看风景。潮是一道风景，人是一道风景。我分别看到了自然中的高潮，和人海里的高潮。比钱塘潮更耐看、更有感染力的，是徐志摩那如梦的诗，和如诗的爱。看着看着，我就醉了。风景也能醉人。

我这次来，恰巧参加的是中国诗歌万里行活动，主题是“走进海宁——徐志摩的故乡”。采风团里除了吉狄马加藏棣、祈人等才子之外，还有冯晏、李轻松、李见心等佳人。好在这几位女诗人才貌俱佳、诗酒俱佳，能跟我等喝到一块儿、聊到一块儿、玩到一块儿。大家每顿饭围坐在圆桌周围，斟酒碰杯，谈天说地，气氛非常融洽，令我下意识地联想起志摩、胡适、行知等那个时代的文人相逢在海宁乌篷船上的情景。没准，很久以后，也会有更为年轻的诗人，羡慕并且神往我们今天的聚会呢。甚至连我们在海宁点了哪几道菜、吃饭时聊了些什么，都想打听呢。

唯一的遗憾是：我们在海宁，走的都是陆路，没乘坐乌篷船，也就无缘品尝到真正的船菜，也就无法重温志摩、胡适等人聚饮于船上那神仙般的悠闲与浪漫。所以我对海宁船菜的了解，仅限于故纸堆里记载的几道菜名。我甚至怀疑：乌篷船，如今是否还用作营运旅客的交通工具？作为“旅行食品”的船菜，是否已失传了？

船上的菜，与岸上的菜，按道理讲并没有什么区别，只不过就餐的环境不同而已。可环境会影响心情。在船上与在岸上，进食时的心情，会有所差异吧？采风海宁，该采点海风或江风。那些日子里，主人很热情，体恤我们车马疲劳，每顿饭菜都很丰盛，不是江鲜就是海鲜，可我心头仍掠过一丝淡淡的惆怅：来到徐志摩的故乡，却不曾身临其境地体验一回原汁原味的“船菜”。唉，徐志摩的时代，小桥流水人家的慢半拍的时代，毕竟已经过去了。看来，从此只能忆江南了。忆那个属于时间概念的古老江南；忆那些超凡脱俗，此曲只应天上有的才子佳人。

或者，只能凭借想象了。无论在宾馆里，还是酒楼上，每面对一道新上的菜，都要想象自己，正置身于船上，置身于旧时代的乌篷船上，置身于徐志摩乘坐过的一艘老船……这么一想，多少会增添几分醉的感觉。哦，即使我的身体在岸上，灵魂却已在船上，沉醉在摇篮般晃悠的小小乌篷船上。有什么大不了的，一个人的身体与灵魂，完全可以同时出现在不同的地方！如果你醉了，就会相信这一点。醉吧，在海宁大醉一场。

虽然没有吃到真正的船菜，但海宁的食物，还是让我咀嚼出特殊的滋味。面对满桌的荤荤素素，我会下意识地提醒自己：细细品味吧，这些，可都是徐志摩的家乡菜。

因为鲁迅的缘故，绍兴有了咸亨酒店。海宁，却不曾想到开一家徐志摩酒楼。目前生意兴隆的，是位于盐官镇的乾隆酒楼。可能考虑到皇帝比诗人更具号召力吧？

乾隆六下江南，四驻海宁，而且每次都住在称作“江南第一世家”的盐官镇陈阁老（宰相）宅。于是有了谣传，说乾隆本是陈阁老的儿子，被雍正偷龙换凤，以同日同庚出生的女婴换取；他继承皇位后，来海宁是为颁祭双亲，报骨肉之恩情。海宁的寺庙与园林，留有乾隆的许多墨宝。乾隆酒楼的诞生也就顺理成章：乾隆来海宁观潮，偷空探寻一番民间的美食，这本身就很有诗意。海宁名菜钱塘江鱼圆，据说就是一家过塘行（为船只中转服务的机构）的伙计，做给微服私访的乾隆吃后，乾隆很满意，甚至把这位伙计请到了北京的御膳房。如今，它是乾隆酒楼的招牌菜。还有一道“红嘴绿鹦哥、金镶白玉嵌”，是乾隆在海宁的某农妇家尝到的，其实是当地最常见的菠菜豆腐，乾隆偏偏给它起了这么一个附庸风雅的名字。

我们采风团，参观陈阁老宰相府之后，直奔乾隆酒楼。特意点了一道出自陈氏世家的宰相府宴球：把蔬菜、鲜鱼、肉皮放在一起，做成球状，这球状物烧出来的汤鲜美得很。据说这是陈府的九小姐（即传说中跟乾隆掉了包的那位小公主）创制的。我很纳闷这豪门的私家菜如何外传出来，老板解答：“陈元龙把这道菜运用于陈府的筵席。后来九小姐嫁到常熟，还特地从陈府带了个厨师过去，专门为她制作宰相府宴球。再后来，因为宰相府的厨师经常更换，盐官城内就有不少菜馆，也学会了宴球的制作方法。因其口味独特，很快流传到海宁各地。如今，在海宁许村、长安等地，宴球可说是逢年过节、各种筵席上必不可少的一道地方名菜。”

在乾隆酒楼，以及其他餐馆，几乎每顿饭都能吃到海宁焖缸肉。导游介绍：海宁盐官一带，大凡婚庆喜宴，都会上这道用小缸焖煮的酥肉；这里新婚摆喜酒，俗称酥肉酒，可见焖缸酥肉在婚筵菜肴中的位置。这是一道“古老的肉”，宋朝时就有人称赞它“色同琥珀，入口则消，含浆膏润，特异凡常”。一口小瓦缸，吊在铁架上，内盛一块四角方方、色泽油亮的酥肉，缸底还有巴掌大的红泥小炭炉烧烤着。我夹了一筷子放进口中，慢慢含化，觉得似曾相识：这不就是东坡肉嘛！导游一笑：它不是东坡肉，

却是东坡肉的“娘”。北宋熙宁八年（1075年）六月，苏东坡应盐官安国寺住持之邀，前来撰写《宋安国寺大悲阁记》。苏东坡是个美食家，吃惯了山珍海味，到盐官来依旧吃这些，腻了。这天，旁边正好有一户农家结婚摆喜酒，苏东坡平生豪放不羁，不管人家认识不认识、请不请他，喜筵开席管自坐了上去。海宁乡风淳厚，来者是客，东家也不怪他，任凭他大吃大喝。谁知他每吃一道菜，都摇摇头、皱皱眉，弄得东家很尴尬。当最后一道焖缸酥肉端上来，东坡品尝后连连称妙，并打听这酥肉用何物煮。东家答道：缸。用何佐料？东家把厨师叫来，厨师如实回答。苏东坡思索了一会，说如果再加上某几种佐料，味道可能还要好。厨师听之而为之，果然肉味更美。苏东坡从盐官回到杭州，根据盐官焖缸肉制作方法，加以改进，自创一道菜肴：东坡肉。历史发展至今，东坡肉成了杭帮菜的一道名菜。尽管海宁焖缸肉到今天尚未名传全国，但它终究是东坡肉的“娘”。我从陈忠祥主编《古城盐官》一书中引用了这段文字，觉得它的最后一句尤其精彩。海宁的吃，不仅给了苏东坡灵感，而且为杭帮菜锦上添花。苏东坡肯定喜欢海宁这样的地方：有肉吃，有酒喝，还有大潮可看；酒足饭饱后去堤坝上观潮，可以“帮助消化”，稍不留意就吟出一首诗来。他微醺之际感叹：“八月十八潮，壮观天下无。”酒在他腹中也涨潮了。

苏先生，不知在你那时代，是否吃到过海宁的船菜？

苏州的吃

苏州的吃，跟苏州的园林一样，小中见大。

在苏州这样的城市，亭台楼阁都纤巧玲珑，不适宜搞满汉全席什么的。一

看就不是那个路子。同样，苏州人也不喜欢大吃二喝，讲究少而精。找一家小饭馆，摆开小碟子、小碗、小酒杯，说一些小话题。跟朋友相约喝一点儿也叫小聚。

在苏州，最精致最出彩的还是小吃。

小吃，一般都属于小本经营，但要做到价廉物美并不容易。首先要求经营者必须有耐心。苏州的小贩，在这方面是过关的。小摊上卖的小吃，常常比有门面的店家的同类食品更有滋味。早先的馄饨担就是一例。馄饨担相当于走街串巷的“游击队员”，在路边架起锅灶，摊主总能以包裹肉馅的麻利动作（真是一门手艺！）以及骨头汤的浓香，吸引来馋得直流口水的顾客。在风中啧啧有声地吃一碗辣油馄饨，站起来，脸上都流露出满足的表情。难道如此廉价的馄饨，就能使人轻而易举地成为瞬间的神仙?

苏州人把专售包子水饺等各种面食的铺子叫作件头店。“件头店之物品，每不若馄饨担上所制之佳，以其专精也……盖有担上之馄饨，因挑担者只售馄饨一味，欲与面馆件头店争冲，非特加改良不可，故其质料非常考究。”（引自莲影《苏州小食志》）真是门门懂不如一门精。馄饨担，可以拿“单项冠军”的。担上的馄饨，把店里的馄饨挤垮了。看来真不要小瞧小吃，小吃不小。

莲影在介绍苏州茶食时提及大方糕，堪称传奇:“春末夏初，大方糕上市，数十年前，即有此品，每笼十六方，四周十二方系豆沙猪油，居中四方系玫瑰白糖猪油，每日只出一笼，售完为止，其名贵可知。彼时铜圆尚未流行，每方仅制钱四文，斯真价廉物美矣。但顾客之后至者，辄不得食，且顾客嗜好不同，每因争购而口角打架，店主恐因此肇祸，遂停售多年。迩来重复售卖，大加改良，七点钟前，若晨起较迟，则售卖已完，无从染指矣。”听到这里，你猜我想到什么? 首先想到：店主真够洒脱，明明有巨大需求却仍限量供应（每日只出一笼），宁愿放弃商机也不想活得太劳累。哪像生意人？快向艺术家看齐了（把大方糕当成雕塑作品了）。但这无形中也吊起了顾客的胃口。其次想到：顾客真不够洒脱，居然为抢购糕点而动起拳脚，仿佛在追求真理，也忒执着了……

每日只出一笼、每方仅制钱四文的大方糕，就生意而言，绝对属于“小儿科”了。恐怕只有在苏州，才会出这样的店主，和这样的顾客。

苏州的名气很大，但在格局上乃至本质上，还算小城。小城故事多，包括那么多关于小吃的故事，小吃不小，小城不小。

玄妙观前有一家园林式的茶馆叫吴苑。吴苑的东边，又有一家酒店叫王宝和。曹聚仁先生进去品尝过：“他们的酒可真不错，和绍兴酒店的柜台酒又不相同，店中只是卖酒，不带酒菜，连花生米、卤豆腐干都不备。可是，家常酒菜贩子，以少妇少女为多，川流不息，各家卖各家的；卤品以外，如粉蒸肉、烧鸡、熏鱼、烧鹅、酱鸭，各有各的口味。酒客各样切一碟，摆满了一桌，吃得津津有味。”店主只卖酒不卖菜，宁愿把卖菜的机会以及利润出让给小贩，你说他是小气呢还是大方？这或许就是苏州的风格，苏州的方式。曹聚仁先生

说自己在苏州住的两年间，颇安于苏州式生活享受，无论听评弹、游园林，还是喝茶、吃点心。“苏式点心，也闯入我的生活单子中来。直到今日，我还是喝不惯洋茶，吃不惯广东点心的。我是隋炀帝的信徒。”隋炀帝挖运河，为了更方便地下江南。咀嚼着精益求精的苏式点心，你会明白饮食中的江南是怎么回事。

说来说去，都是些小吃。苏州的小吃是勾魂的，相比之下，满汉全席，显得有点“假大空”了。

当然，苏州也能办酒席的，也有大厨师。如果在宾馆里办，没什么稀奇的。苏州的妙处，在于它有大大小小的园林，可供露天聚饮。这是有传统的。天命在《星社溯往》一文中，回忆20世纪40年代，星社同仁经常借园林之宝地，举办“酒集”：“每月一次，照聚餐办法，要奢要俭，定于公议。苏州有着不少的园林，可以假座，如狮子林、汪义庄、鹤园、网师园、怡园、拙政园、程公祠，凡是有林泉亭榭之胜的，都到过。中间次数最多的是鹤园，因为地点适中，主人又属素稔，佣僮伺应也周到，有宾至如归之乐。”直到最近，还听苏州诗人车前子说起，他曾在某处园林，参加一位亲戚的婚宴。场面显得既夸张又别致。（让我纳闷的是，园林里哪来的大厨房？估计连明火都要禁止吧？）

不禁突发奇想：待我手头这本饮食文化的书出版后，可以考虑在苏州园林举行一次新闻发布会或新书首发式。毕竟，苏州是出美食家的地方。

把他们全请来！

可以没有“红包”，但不能没有美酒。

假如文物管理部门禁止在园林里埋锅造饭，那就改作冷餐会。自助式的，每个亭子、每个楼阁里都摆一桌。大家可以端着盘子、排着队在假山与金鱼池间穿梭，挨着个儿夹菜。

还有比苏州园林更好的吃饭的地方吗？

扬州的吃

今天的扬州，不仅有了飞机场，而且高铁也即将开通，再也没有了过去门前冷落车马稀的弃妇感觉。所谓“骑鹤下扬州”，看上去很美，究竟该如何降落呢？倒是个挺难解决的现实问题。扬州的尴尬在于它老是原地踏步，不进则退，几百年过去，反而显得落后与陈旧了。简直让人不敢相信：它在古代，曾经是交通发达、商业繁荣的大城市！说到底，这首先应归功于隋炀帝。好吃贪玩的主儿，有时还真能留下几件勤俭之辈无法仿效的遗产，大运河即是一例。后来又出个乾隆，继承了隋炀帝的吃喝路线，六下江南，创造出扬州的第二个全盛时期。清代的扬州，也能摆满汉全席的（菜品多达 134 道），有点跟北京分庭抗礼或夸奇斗富的味道。我比较过两地满汉筵的菜单，觉得在选料的丰富与昂贵方面，扬州毫不逊色。燕窝鱼翅、熊掌猩唇、海参鲍鱼、驼峰鹿尾，乃至如今已因为“非典”而出名的果子狸什么的，一应俱全。我特意留心扬州人是如何烹饪果子狸的。原来用梨片伴蒸，果味一定更浓。估计扬州满汉全席的制作技法以及口味，也比北京有过之而无不及。在清朝，扬州的大厨师，肯定能抓住皇帝的胃。否则康、雍、乾他们，干吗那么爱忙里偷闲下江南呢？除了美景、美人之外，美食绝对也是诱惑之一。

扬州的码头，系过风流皇帝的龙舟。扬州这座城市，自然也就沾染上几分风流。食色，性也。扬州的饮食文化，也是很见真性情的。这旧中国的富人区，颇舍得为美味而一掷千金。仅就清代而言，富得流油的盐商汇集，扬州八怪的诗书画就是靠他们哄抬起来的；重赏之下，难道还培养不出一群技艺绝佳

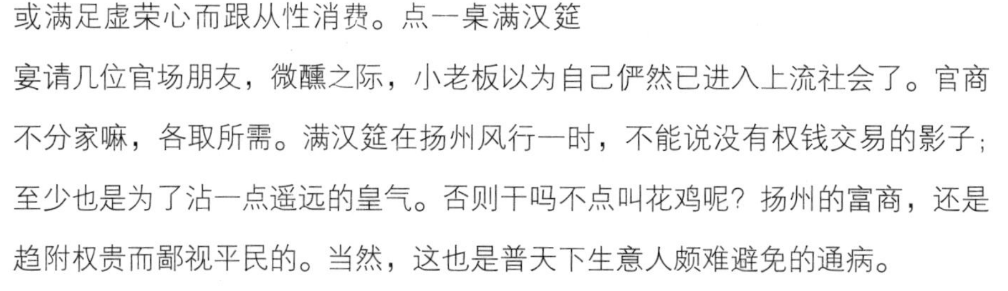

的厨子？除了清风明月，又有什么是钱买不到的？山珍海味，美酒佳人，没啥了不起的。所谓“漕运之地必有美食”，说到底是在比拼经济实力。正如扬州的满汉全席，并不仅仅在招待前来视察的帝王将相（公款吃喝之风古已有之），也吸引着靠倒腾东西起家的“大款”们，为了抬高自己的地位或满足虚荣心而跟从性消费。点一桌满汉筵宴请几位官场朋友，微醺之际，小老板以为自己俨然已进入上流社会了。官商不分家嘛，各取所需。满汉筵在扬州风行一时，不能说没有权钱交易的影子；至少也是为了沾一点遥远的皇气。否则干吗不点叫花鸡呢？扬州的富商，还是趋附权贵而鄙视平民的。当然，这也是普天下生意人颇难避免的通病。

满汉全席，就是这样自宫廷流入民间的。它在扬州，顺利地完成了由权力到财富的“软着陆”。要知道，它一开始，尚是一种不平等的筵席。对汉人，只限于二品以上官员享用。扬州的商人，靠原始积累的金钱，逐渐争取到这种资格。清代李斗《扬州画舫录》所记满汉全席菜谱，最初是乾隆巡幸扬州时地方官准备的接驾筵的档次，后来终于也“世俗化”了。正如“御膳”演变成“仿膳”，扬州人有钱了，也就充满好奇心：想尝尝皇帝吃过些什么。扬州版的满汉全席（盗版？）其实是虚荣心的盛宴。

扬州在当时绝对是一座虚荣心很重的城市。即使饮食方面也会赶潮流的。况且它也具备赶潮流的雄厚资本。我相信在扬州之后，才陆续有了川式的、广式的、鄂式的满汉全席（基本上都流行于晚清至民国年间）。而《扬州画舫录》里所记载的，据称是见诸史料中最早的满汉全席菜单，该书还注明这种大席系

"上买卖街前后寺观"的"大厨房"所制，专"备六司百官"食用。可见尚属于特权阶级。扬州想方设法使所谓的特权变成了商品。扬州人的商业头脑可谓无所不用，他们毕竟不是饱食终日之辈。

扬州的满汉全席，肯定经过改良的。是淮扬风味与宫廷菜的结合，是细腻、恬淡与粗犷、华贵的结合，婉约派与豪放派（"杨柳岸晓风残月"与"大江东去"）的结合。这份南北兼顾的菜单里，既有鱼肚煨火腿、鲜蛏萝卜丝羹、鱼翅螃蟹羹、鲨鱼皮鸡汁羹、鲍鱼烩珍珠菜、糟蒸鲥鱼、鸡笋粥、淡菜虾子汤、甲鱼肉片子汤等鲜美精致的菜肴，也不乏白煮猪羊肉、油炸猪羊肉、炙烤猪羊肉以及猪杂什、羊杂什等游牧民族风格的简易食品，真正是"双重性格"。我甚至从中发现了挂炉走油鸭，估计是全聚德烤鸭的前身吧？

淮扬菜，能够与鲁菜、川菜、粤菜并列为我国四大菜系，应该感谢扬州的。扬州大菜，堪称淮扬菜系的核心，主要特点是："选料严格，刀工精细，主料突出，注重本味，讲究火工，擅长炖焖，汤清味纯，浓而不腻，咸淡适中，造型别致，鲜淡平和，南北皆宜。"（引自王鸿《扬州散记》）这恐怕跟它当时处于南北交通要津有关，既照顾到四方食客的共同口味，又在材料、火候、造型等方面不惜工本，追求色、香、味、形俱全的完美主义。烹调在扬州，不仅仅是一般的手艺，简直快要上升为艺术了。好厨师，必须有几点艺术家的气质乃至创造欲的。如果把鲁菜比作古拙的篆书，川菜比作刺激的草书，粤菜比作平淡的楷书，淮扬菜，一定相当于稳健的隶书，蚕头燕尾，很讲究形式感，而又不显轻浮。这是真正的唯美者全身心追求的境界。

当然，也有人批评淮扬菜拒绝辛辣、泯灭个性，为取悦八方而温柔敦厚，奴隶味十足，是处世圆滑的中庸之道在饮食中的体现。但扬州由于南来北往的地理位置，为满足大多数客人的需要，在饮食风味上不得不加以折中。这其实是一种谦逊。

据《广陵区志》称，扬州大菜的代表作是扬州“三头”：清蒸蟹粉狮子头、扒烧整猪头、拆烩鲢鱼头。听上去还是蛮生猛的。如今，狮子头依然赫赫有名。提起扬州菜，我首先想到狮子头。正如提起扬州评话，我首先会想到王少堂讲的《武松》。狮子头，狮子头，猛志固常在?

《扬州画舫录》不只对满汉全席感兴趣，还介绍过清代扬州的诸多名吃，足以证明美食在民间。譬如江郑堂的十样猪头、汪南溪的拌鲟鳇、张四回子的全羊、田雁门的走炸鸡、汪银山的没骨鱼、施胖子的梨丝烤肉、文思和尚的豆腐羹、管大的紫鱼糊涂和骨董汤、关小山的炒豆腐……大多已失传了吧？即使今人照葫芦画瓢地仿制，也绝对做不出原先的滋味。扬州菜虽然附丽于淮扬菜系的美名，但已是一个空壳；扬州的吃，正如扬州这座城市一样，日渐没落与萧条。我想，现代人去扬州，不会比在苏州或杭州吃得好。

同样，在外地下馆子，翻开菜谱，很难见到正宗的扬州菜。唯一流行的，恐怕只剩下一道扬州炒饭了。几乎天下的厨子都会做，不管炒得如何，都喜欢以扬州炒饭命名。扬州的名气，看来只能借助炒饭而流传了。听起来，怎么都让人有点悲哀。

据王鸿先生讲解：扬州市内过去最大的饭馆是设在国庆路中段的菜根香饭店，20 世纪 30 年代初，菜根香就开始成为饭菜店，并供应炒饭，有清蛋炒饭、桂花蛋炒饭、三鲜蛋炒饭、什锦蛋炒菜等。因品种多，口味美，炒饭便成为该店传统特色。这在《广陵区志》里都有记载。王鸿先生还强调：“现在名扬世界各地的扬州炒饭，可能就源于菜根香炒饭。”

我去扬州，最想拜访这家老字号。菜根香的店名，是从清初文人王士祯的诗中引用的。王士祯回山东，觉得老家“菜根堂”的厨艺比北京“大官羊”还要高明，结账时附赠一诗：“何须日费大官羊，安肃冬崧溢甑香。五载归田饱乡味，不曾辜负菜根香。”菜根的香，是乡土的香。爱嚼菜根的人，是重感情的。

我相信在菜根香老店，才能吃到最正宗的扬州炒饭。最好能搭配几根生脆酸甜的扬州酱菜、乳黄瓜呀什么的。

从满汉全席到蛋炒饭，这就是扬州返璞归真的过程。也可以说，绚烂之后归于平淡。

朱自清是扬州人，曾替自己的家乡承诺：扬州是吃得好的地方，这个保你没错儿。“北平寻常提到江苏菜，总想着是甜甜的腻腻的。现在有了淮扬菜，才知道江苏菜也有不甜的……扬州菜若是让盐商家的厨子做起来，虽不到山东菜的清淡，却也滋润，利落，绝不腻嘴腻舌；不但味道鲜美，颜色也清丽悦目。扬州又以面馆著名。好在汤味醇厚，是所谓白汤，由种种出汤的东西如鸡鸭鱼肉等熬成，好在它的厚，和啖熊掌一般。”跟扬州大菜相比，烫干丝属于不起眼的小品，但也有别处做不出来的一种味道，关键在于一个“烫”字。别处（包括南京）的干丝，都是煮的，“那是很浓的，当菜很好当点心却未必合适”。扬州的烫干丝，则“先将一大块方的白豆腐干飞快地片成薄片，再切为细丝，放在小碗里，用开水一浇，干丝便熟了；滗去了水，抟成圆锥似的，再倒上麻油，搁一撮虾米和干笋丝在尖儿，就成。说时迟，那时快，刚瞧着在切豆腐干，一眨眼已端来了。烫干丝就是清得好，不妨碍你吃别的”。瞧扬州人烫干丝的麻利劲儿，你不禁暗暗赞叹一声：好身手！所谓治大国如烹小鲜，不知扬州人做其他事情（譬如建功立业），是否也能像烫干丝一样爽快、流畅？至少，扬州八怪中的郑板桥，画竹子力透纸背（真正是势如破竹），隔着时光的重重帷幕，我仍能感受到。我怀疑他画的竹子，若干年后一样能长出笋来。他的名字，像破土而出的竹笋一样顶我，顶我的腰眼：站直喽，别趴下！

扬州，还是出过一些人物的。扬州的人物，即使有一股怪味（怪才、怪杰嘛）也让你叹为观止。看来中庸的饮食，一样能培养出怪异的文人。二十四桥明月夜，不仅可以教玉人吹箫，还可以学郑板桥画竹子。扬州八怪，怪得有意思，有境界。只可惜，时至今日，第九怪，姗姗来迟，看不清他的真实面目。纯粹是我在想象中虚拟的吧？又有谁，能接续上前辈的香火？

写扬州的诗文，还是稍为怪异点的有看头。譬如张祜的《游淮南诗》，写到了死，以死来烘托生，来赞美扬州神仙般的生活："十里长街市井连，月明桥上看神仙；人生只合扬州死，禅智山光好墓田。"根据他的理解，生在扬州是否伟大姑且不论，死在扬州，一定是光荣的，那是扬州的黄金时代，衣食住行、生老病死都显得无比优美。可在那个不算长也不算短的黄金时代，又有几个人，去扬州，真是为了寻死的？还不都是为了活得更舒服些嘛！好吃的人，贪玩的人，没有不爱那个业已消失了的扬州的。

唉，古典的扬州，享乐主义的扬州，"死"得也太快了一些。它虽然已缥缈得像梦一般，却仍无法使我死心。即使今生移居现实中的扬州毫无意义，可我多么希望自己的上辈子，确实是在那个锦衣玉食的扬州度过的。否则为什么一提起扬州，我的心，就跳呀，跳呀，跳个不停呢？

《扬州画舫录》之所以令我爱不释手，在于它收藏着许多被现实所遗忘的东西。轻轻地掀开发黄的书页——哦，老扬州就复活了。热气腾腾，跟刚端出蒸屉的馒头似的。瘦西湖，瘦西湖，锅里的水已烧开了吧？在这本过时的文化地图里，茶社酒楼占据着重要的位置，包括各自门口悬挂的"维扬细点"的招牌，都历历在目："其点心各据一方之盛。双虹楼烧饼，开风气之先，有糖馅、肉馅、干菜馅、苋菜馅之分。宜兴丁四官开蕙芳、集芳，以糟窖馒头得名，二梅轩以灌汤包子得名，雨莲以春饼得名，文杏园以烧卖得名，谓之鬼蓬头，品陆轩以淮饺得名，小方壶以菜饺得名，各极其盛。"扬州人爱泡菜馆而不觉虚度时光，跟精致的点心的诱惑也不无关系。喝咖啡，需要加"伴侣"。喝茶，怎么能没有好点心呢？点心点心，一点一点，都往心里去。点到为止，一点即通。点心，是在点穴啊，点美食家们的穴位。一碟盆景般的扬州点心下肚，我们不饿了，却更馋了。

朱自清是因为拒食日本人的白面粉而饿死的，有气节！他饥肠辘辘的时候，一定很怀念故乡的点心吧。他生前这样描述过扬州的小笼点心："肉馅儿的，蟹肉馅儿的，笋肉馅儿的且不用说，最可口的是菜包子菜烧卖，还有干菜包子。菜选那最嫩的，剁成泥，加一点儿糖一点儿油，蒸得白生生的、热腾腾的，到口轻松地化去，留下一丝儿余味。干菜也是切碎，也是加一点儿糖和肉，燥湿恰到好处；细细地咀嚼，可以嚼出一点橄榄般的回味来。这么着每样吃点儿也并不太多。要是有饭局，还尽可以从容地去。但是要老资格的茶客才能这样有分寸；偶尔上一回茶馆的本地人外地人，却总忍不住狼吞虎咽，到了儿捧着肚子走出。"清明又快到了，若有人去给朱先生扫墓，别忘了供上一屉扬州点心，譬如蜜三刀、翡翠烧卖呀什么的。哪怕是真空包装的。

镇江的吃

每次去镇江，当地的朋友总要送我几瓶醋。包装越来越精美，有的还属于特级品，商标上注明是"国宴用醋"。在此之前，我只知道贵州的茅台是国宴用酒。想不到镇江的米醋，也在人民大会堂或钓鱼台站住了脚。

我还去过山西，东道主也喜欢以醋相赠，但额外还送酒。山西老陈醋固然有名，可汾酒（譬如杏花村）并不逊色呀。返回的途中，酒瓶子醋瓶子，在旅行包里撞个不停，仿佛它们在开辩论赛。

酿酒与酿醋，哪种更容易些？或发明得更早些？我觉得，酒是诗歌，醋是散文，大雅与大俗。酒更接近灵魂，醋呢，更生活化一些。唉，离现实近了，离精神也就远了。

有一副对联，上联是：琴棋书画诗酒花，下联是：柴米油盐酱醋茶。似乎在对酒与醋进行阶级划分。酒是上流社会的贵族，醋是平民百姓。

酒是梦中情人，醋是糟糠之妻。这就是它们与生活的关系。

每个人都在跟油盐酱醋朝夕相处。总有些人（譬如李白），与一日三餐同床异梦，悄悄惦记着酒——这伟大的“第三者”。

镇江不产酒，只产醋，说明它是一座务实的城市。但它能够像酿酒一样用心地酿醋，就是境界了，醋在这里甚至能成为礼物。我离开镇江，总是很高兴地拎着几瓶醋，仿佛刚从日用杂货店出来。

送花与送水果，正如送酒与送醋，本没有高下之分。是我们在观念中将许多事物剖析为形而上或形而下什么的。哲学家，挺装孙子的。

山西与镇江，都是出好醋的地方。出好醋跟出好酒一样，挺光荣的。是酒是醋，是诗歌是散文，是梦想是现实，其实并不重要。关键在于是好是坏。

做得一手好菜的人，成就感不亚于写一手好文章。

自诩为哲学家，难道就可以不吃饭了吗？

山西的老陈醋属于豪放派，苏东坡那样的，长歌一曲“大江东去”。黄土高坡的土腥味，都沉淀在瓶底了。镇江米醋，则属于婉约派，如同柳永，慢条斯理地吟哦着“杨柳岸晓风残月”。这些年，我身居燕赵之地，常有亲友从家乡捎来镇江米醋，即使是用来蘸北方水饺吃，也一样能品尝出长江水和江南大米的清香。它们构成我异乡生涯中的漂流瓶。瓶子装的不仅仅是醋，还有无限的思念。想起老家，以及在那里快乐活着的人们，我心里酸溜溜的。

醋意，被用来比喻嫉妒。一个身若飘蓬的游子，对那些有根的人类的羡慕，相当于善意的嫉妒吧。

记得故乡的一位高中同学，不擅饮酒，在其婚宴上，有人要跟他比拼酒量。他只得说：“你喝一小杯酒，我喝两小杯醋。”结果，还是他先醉了。他是被醋灌醉的。当时有人跟新娘开玩笑：“刚结婚，新郎就开始吃醋了。”

江苏人做菜，一般都用镇江醋。淮扬菜里的糖醋里脊、糖醋带鱼什么的，自成系列，之所以令人一吃难忘，恐怕也有镇江米醋的功劳。如果镇江不产好醋，淮扬菜名声估计也要打点小折扣。

尤其秋风飒爽时吃大闸蟹，一定要用镇江好醋的。切点姜丝，再拌一小勺白砂糖，蘸蟹肉吃，回味无穷。

我在镇江的金山脚下吃过一次螃蟹。边欣赏着曾被大水漫过的金山寺，边剥开蟹壳，想起传说中法海和尚为逃避白娘子追杀，而躲在蟹壳里。把这厮剔出来吧，浸进醋碟。法海老是想拆散许仙与白娘子，我估计这和尚是“吃醋”了。他嫉妒穷书生娶了个美若天仙的妻子。既如此，索性让他“吃”个够吧。

江苏还有一种扬花萝卜，也适宜用镇江米醋凉拌了吃，既爽口，又开胃。叶灵凤先生对此情有独钟：“在我们家乡，会有一种新上市的萝卜，小而且圆，外红里白，只比樱桃略大，园丁将它们连萝卜缨扎在一起，十几棵扎成一把，洗干净了上市出售，又红又绿，色彩极为鲜艳。因为小，并不需用刀切，只要用刀将它整个拍破，加糖醋酱麻油凉拌，像吃西菜的沙律那样。”一般在扬花季节上市，故名扬花萝卜。我在别处，还真没见过这种“袖珍”萝卜，只见过葡萄大的小西红柿。

扬花萝卜还可腌制成酱菜出售，被称作“镇江出产的酱菜中最有特色的一种”。镇江酱菜，一向有名，为江苏人的早餐作出巨大贡献，适宜送粥，或送茶淘饭。品种有酱莴苣、酱萝卜、酱黄瓜、酱生姜等。“酱莴苣，可以长至尺余，他处所无。切片佐粥，最为相宜。酱生姜之中，最珍贵的是酱嫩姜芽，称为‘漂芦姜’。这是春末初夏才有的，由酱园现制现卖，过了嫩姜的季节就没有，而且每天仅清晨有得卖，因为‘漂芦姜’取其鲜嫩清淡，浸酱过久，就成了普通的酱生姜，不是‘漂芦姜’了。”（叶灵凤语）

除了米醋、酱菜之外，镇江的肴肉，也大名鼎鼎。这是将猪腿肉用硝腌制，再用老汁煮熟后冷食。肴肉又叫捆蹄或蹄肴。

镇江特产的一种黑色滴醋，专门用来蘸食肴肉的。叶灵凤先生说过：“镇江的滴珠黑醋也是有名的。吃镇江肴肉，吃大闸蟹，若是没有镇江醋，吃起来就要大为减色了。”可见醋的意义还真不小呢。

镇江，一座爱吃醋的城市。

长江流经镇江的这一段水面，水产极其丰富，据说味道比别处格外鲜美。想来是因江心有焦山，成中流砥柱之势，吸引鱼虾汇集的缘故。尤其焦山鲥鱼，在清代，每逢新上市，必先进献给皇帝：“列为贡品，由地方官将渔船最初网得的鲥鱼呈封疆大吏，再由大吏以快马驰驿入贡京师，由皇帝荐诸太庙，然后臣下和老百姓才敢随便购食。鲥鱼贵新鲜。在初夏天气要用藏在地窖里的天然冰块来覆盖……”（叶灵凤语）因而有“白日风尘驰驿骑，炎天冰雪护江船”的诗句，来形容镇江鲥鱼入贡帝都的运输过程及保鲜措施。唐朝的杨贵妃，身居长安，喜食岭南荔枝，她的这一嗜好累死过许多驿马。到了清朝，鲥鱼取代了荔枝的位置，不仅长途快递以博皇亲国戚一笑，还成为太庙祭祖的供品。

王渔洋有诗："鲥鱼出水浪花圆，北固楼头四月天。"吸引了江南文人雅士每年初夏必作鲥鱼之会，番禺屈氏的《粤东诗话》，记载了其中的一次："何不雅集焦山枕山阁乎！众称妙。时渔者放舟象焦两山间，得数尾，即烹而食之，鲜腴冠平生所尝。群贤称快。"但他们的节奏，肯定比远在北方的皇帝要慢一些。江南鲥鱼，必须等到皇帝先动筷子，当地人才敢尾随。

唉，镇江鲥鱼，虽然处江湖之远，却是能沾到些逼人的皇气。

大约在 2001 年，我作为出版社的责任编辑，陪作者姜丰去镇江签售她的两部新书。姜丰当时是中央电视台主持人，当地新华书店招待得很隆重，特意邀请去焦山品尝鲥鱼及江蟹。姜丰不知鲥鱼的典故，将注意力全集中在螃蟹身上了。我则敏感于刚从渔船上抢购来的鲥鱼，用火腿清蒸，似乎并不逊色于河豚的滋味。尤其眼前有美景与美人，耳畔有江涛与笑语，主人又在热情地劝酒（江苏产的洋河大曲），举杯投箸，我觉得自己快乐得像个微服私访的皇帝。

回到北京之后，镇江的月色远了，鲥鱼远了，金山寺的钟声远了，可我周身的血液，似乎依然是长江的支流。

那次签售活动是我策划的，姜丰作为我们出版社的形象大使，在全国巡回宣传。自北京出发，经过天津、青岛、深圳、云南等地，又由南京往苏州、上海，镇江只是中途小站。各地新华书店俱以美食相招，可我询问姜丰在哪座城市吃得最满意，她说是镇江。

什么时候我若想当隐士了，就该到镇江去。既不写书也不耕田，而是每天划一条小舢板，锚泊在焦山脚下，拎一根钓竿，从周而复始、滔滔不绝的长江水中，钓几条鲥鱼来吃或卖。

这可比前半生的耍笔杆子，有意思多了。

南京的吃

重读朱自清、俞平伯两位先生撰写的同题散文《桨声灯影里的秦淮河》，知道他们是“在菜店里吃了一盘豆腐干丝、两个烧饼之后，以歪歪的脚步踅上夫子庙前停泊着的画舫”。我不禁怀念起南京的食物。

南京人至今也未厌倦豆腐干丝，几乎每家餐馆都有售，但还是夫子庙一带最为正宗。在古朴的茶楼上，听风，看水，咀嚼着柔韧的干丝，确实别有一番滋味。干丝大都是用鸡汤煮的，盛放在洁白的瓷碗里，有温香软玉的质感。会做生意的店家，选择盈盈一握的小碗，里面的干丝只够挑一筷子的——不是为了克扣斤两，而是让你细心品尝这一口，回味无穷啊。小吃毕竟是小吃，千万不能当作饭菜对待——那无异于逼迫绣花的小姐去当干粗活的保姆。

仅仅这一口，足以叫你窒息半分钟。

南京人爱吃烧饼。烧饼大抵有两种：酥油烧饼和普通的烧饼。后者可以夹着油条吃，还可以蘸着麻油吃。不知朱自清、俞平伯吃的是哪一种。

称得上最有地方特色的还是咸板鸭。这个“板”字用得很好，颇能形容这种腌制品的质感。现在，爱吃板鸭的人不多，更流行的是盐水鸭——更鲜嫩一些。街头巷尾到处是卖盐水鸭的摊档。家里人想喝酒了，很方便，去门口切半只盐水鸭就可以。

咸板鸭在明清时极有名，莫非古人的口味比今人要重？其实不然，那时候腌制得如此之咸（用南京话来说“死咸死咸的，打死卖盐的了”），一方面便于长期保存，另一方面也为了下饭——一只鸭腿足够你搭两碗米饭的了。而现在，盐水鸭主要作为下酒菜。

还有“鸭四件”，系用鸭翅膀、鸭脚爪卤制。啃起来有点费劲，但因是运动部位的“活肉”——很有嚼头。

鸭肫干更是一绝。有的南京姑娘嘴馋，甚至把切成薄片的鸭肫干当零食吃——比话梅更有回味。清真老店马祥兴，还善烹饪鸭胰，起了个诱人的名字“美人肝”。据说汪精卫在南京时最爱这道菜。

南京人似乎跟鸭子有缘，把鸭子吃出了这么多花样。即使在众多的小吃中，鸭血粉丝汤也占据着霸主的地位。鸭血比猪血细腻温软，简直入口即化。

再说说蔬菜。南京有一道蔬菜，在别处绝对吃不到的，叫芦蒿。是一种水生植物，主要产自江心洲（长江里的一沙洲）。每到春天，南京人便以吃芦蒿为享受，哪怕它的价格比肉类还贵，但心疼归心疼，还是不忍舍弃此物。芦蒿清炒臭豆腐干，那滋味简直无法形容。还是不形容了。如果你没吃过，说明你没有口福。

现在，南京周围的一些省市受此感染，经常一卡车一卡车地抢购。江心洲的菜农都发大财了。但不知为什么，它至今未打入北方市场——估计是因为即使空运，也无法保持其鲜嫩。更难以移植（这是长江下游特有的植物，很娇贵，挑剔水土）。害得我在北京，对故乡的这道蔬菜患相思病。

还有种野菜叫菊花脑（挺怪的名称）。清香中略有点苦涩，解毒去火。夏天，做一锅菊花脑鸡蛋汤，汤都是绿油油的。它也未在他乡传播开来。据说是只有南方人才酷爱那种淡淡的草药味。就跟北京的豆汁似的，非本地人喝不惯。我对它无法忘怀，是否证明：我虽然迁居北方十余年了，但本质上仍然是南京人。

查龚乃保《冶城蔬谱》，有菊花叶的条目，估计是菊花脑的另一种称谓：

"野菊与九月菊同时，开小黄花，有香。其嫩苔中蔬科，丛生菜畦傍，春夏尤佳。带露采撷，指甲皆香。凉晕齿颊，自成馨逸。"菊花脑想来是野菊的嫩芽或枝叶。难怪有一种清苦的味道。喝一碗菊花脑熬的汤下肚，浑身凉爽，仿佛给胃里面搽上一点万金油，可防治中暑的。南京是四大火炉之一，当地人有碗菊花脑汤垫底，对酷暑也就多多少少增强了抵抗力。

看来对南京的菊花脑念念不忘的，大有人在。龚乃保属于老前辈。他于晚清光绪年间客居异乡，"遥忆金陵蔬菜之美，不觉垂涎"，挑选印象深刻的数十种，分门别类加以描述："冶城山麓，敝庐之所在也，因名之曰冶城蔬谱。钟山淮水，话归梦于灯前；雨甲烟苗，挹生香于纸上，思乡味纾旅怀也。"龚翁在书中还虔诚祈祷："他日者，返棹白门，结邻乌榜，购园半亩，种田一畦，菽水供亲，粗粝终老，所愿止此。天其许之乎。"在他心目中，能回归南京，有一块自留地，做一个菜农，都是幸福的。

这种古朴的愿望，我心里也不能说没有。尤其在北京，吃腻了淡而无味的大白菜之后，不止一次想过像陶渊明那样豁出去，不为五斗米折腰，解甲归田，忍将万字平戎策，换取邻家种"蔬"书。

故乡的野菜，自有其诱惑。难怪诸多流浪文人，譬如周作人、汪曾祺，皆以此为题目，写过绝佳的篇章。他们不约而同地用这种方式来解馋，我今天不妨也试一试。

《冶城蔬谱》还提到苜蓿，很有来历的："《史记》云大宛国马嗜苜蓿，汉使得之，种于离宫。《西京杂记》，又名怀风。阑干新绿，秀色照人眉宇。自唐人咏之，遂为广文先生雅馔。"苜蓿又名紫云英，颇具观赏性。江浙一带，将其列为菜盘里的食物。恐怕在当地人的观念里，植物中好看的，应该也是好吃的。周作人《故乡的野菜》一文，写道："扫墓时候所常吃的还有一种野菜，俗名草紫，通称紫云英。农人在收获后，播种田内，用作肥料，是一种很被贱视的植物，但采取嫩茎瀹食，味颇鲜美，似豌豆苗。花紫红色，数十

亩接连不断，一片锦绣，如铺着华美的地毯，非常好看，而且花朵状若蝴蝶，又如鸡雏，尤为小孩所喜。间有白色的花，相传可以治痢，很是珍重，但不易得……”

南京人对苜蓿的名称不会感到生疏。我年幼时住在中山门外卫岗，有一街区自古即叫苜蓿园，可惜后来房子盖得越来越多，几乎找不到什么草地。苜蓿园已没有苜蓿。余生也晚，好像没吃过这种味如豌豆苗的野菜。也许吃过，只是跟这名称对不上号。菜市场里不曾见到苜蓿卖。苜蓿，莫非真的从南京人的菜篮子里消失了。

我在南京时，常吃到的豌豆头，即豌豆苗，《冶城蔬谱》将其称作豌豆叶："金陵乡人，则将田中白豌豆之头，肥嫩尤甚，味微甜，别有风韵。荤素酒肆，皆备此品，以佐杯勺。”我父母还擅长用《冶城蔬谱》里提及的一种茭白切片后炒肉丝："茭白，叶如芦苇，中生苔是也。惟谓苔为菰米苔殊误。留青曰札，谓不结食者为茭白，此说得之。粗如小儿臂，专供厨馔。金陵人呼为茭瓜，苔之肥硕可知。”这已是一道很普遍的家常菜了。与之一样深入平民百姓家的，还有茼蒿："三四月生苗，叶扁，有秃歧肥嫩。煮肉汤有清芬，或治素馔亦宜，为吾乡家常食品。或久不食，偶用之，味称胜常蔬。”茼蒿的口感怪怪的，无

法用语言描述。让人舌尖微麻，却很吊胃口。

江南的野菜，名气最大的该算荠菜。有一句宋诗："春在溪头荠菜花"。而江南的民谣则唱道："三月三，荠菜花赛牡丹"。《冶城蔬谱》说"蔬之见于诗者，杞笋蒌芹之外，此为最著：自生田野间，不畏冰雪，味有余甘。东坡所谓天然之珍，不甘于五味，而有味外味之美者也。一种叶色干枯，熟后逾绿，俗称之锅巴荠。又一种每叶碎叶歧出，乡人谓之糯米荠。"

周作人说浙东习惯用荠菜炒年糕。汪曾祺则介绍了江苏的吃法：荠菜焯过，碎切，和香干切细了同拌，加姜米，浇以香油、酱油、醋，或用虾米，或不用，均可；这道菜可以上酒席作凉菜的，用手抟成宝塔形，临吃推倒，拌匀。至于南京人，还喜欢将荠菜拌入肉馅，包春卷，包馄饨或饺子。咬开一口，芳香四溢。

"关于荠菜向来颇有风雅的传说，不过这似乎以吴地为主。"（周作人语）荠菜成了江南的春天的一个符号，最讲求新鲜的，需要现采现摘、现炒现卖。我小时候，母亲领我去紫金山麓踏青，总要随手拎一把小铲刀，挎一只竹篮子，不时蹲下身子，挖路边的荠菜。这样的活，我也爱抢着干，并且总像工兵挖地雷一样认真。母亲站在一旁，边夸我眼尖、手巧，边承诺回家后给我好好地打牙祭。这种散漫且有趣味的劳动本身，似乎比真把荠菜吃进嘴里更令人陶醉。尤其事隔多年之后，更令我回味。我母亲现在还在南京，只不过已经老了。我在异乡想念母亲，头脑中浮现的，仍是她教我挖荠菜时那年轻的面容与身姿。母亲，待我下次回家乡，一定搀扶你去紫金山转转，看看是否还能挖到春风吹又生的荠菜？看看是否还能找到自己或对方那缥缈的影子？

荠菜，因为我亲手挖过，而且是母亲教我挖的，所以从感情上，它离我最亲近的。虽然它同时又标志着一段天籁般不可复得的时光。我采摘到荠菜，却丢失了童心。

跟荠菜齐名的叫马兰头。周作人《故乡的野菜》里引用过一段儿歌："荠菜马兰头，姐姐嫁在后门头。"《冶城蔬谱》有马兰的条目："亦野菜之一种，多生路侧田畔，与他菜不同，颇能独树一帜。他处人多不解食。然其花，则久为画家点缀小品。"既能下厨，又能入画，可谓雅俗共赏，跟贤惠的小媳妇似的。

枸杞大家都知道，枸杞子可入药，枸杞头（即枸杞的嫩叶）则是南京人的美食。很典型的是药补不如食补。"春初嫩苔怒发，长二三寸炒食，凉气沁喉舌间。孤芳自赏，雅不与腥膻之味为缘。味苦而甘，其果中之橄榄与。子秋熟，正赤，服之轻身益气。"（《冶城蔬谱》）汪曾祺说枸杞头可下油盐炒食，或用开水焯了，切碎，加麻油酱醋凉拌，清香似尤甚于荠菜；春天吃，可以清火，如北方人吃苣荬菜，我反而不知为何物。

《冶城蔬谱》对南京人极爱吃的苋菜，只寥寥几笔带过："今之种于蔬圃者，有红绿两种，柔滑可人。长夏蔬品，盖一二数矣。秋后再种者，尤佳。"汪曾祺对马齿苋很有研究：中国古代吃马齿苋是很普遍的，马苋与人苋（即红白苋菜）并提；后来不知怎么吃的人少了。他是从全国范围来说的。其实在南京，吃苋菜的人一点也不少。甚至可以讲，家家户户都很钟爱。我从小吃苋菜长大的。尤其炒红苋菜，汤汁被染成血红色，又跟紫药水似的。把菜夹进饭碗里，筷子尖被染红，米饭也会被染红。当时，这在我眼中极其神奇，像餐桌上的魔术。我估计自己的嘴唇也被染得红红的，饭后吐一口唾沫，也是淡淡的红。

我曾胡思乱想：要是用苋菜染布多好；开一家印染店，多省颜料……苋菜啊苋菜，鲜艳得像从大染缸里捞出来的，吃进口中却是甜丝丝的、香喷喷的。盛苋菜的盘子，成了调色板，我用画笔（其实是筷子）在里面拨来拨去。

继龚乃保撰《冶城蔬谱》之后，还有个叫王孝煃的，拾遗补缺，写了一册《续冶城蔬谱》。因是在战乱贫寒中回想美味，自嘲："食指或动，墨香为沈，不鄙食肉，聊寄忆莼。藉为续谱，不自知其面有菜色也。"

他介绍慈姑："《群芳谱》作茨菇，一岁根生十二子，有闰则生十三子云。玄武湖、莫愁湖各处陂塘，多有种者，如小芋，味微苦。《本草》云，能下石淋，治百毒。嫩腻香滑，以之蒸鸭煮肉，味殊异别。栗子煨鸡可人意，吾于慈

姑亦云。”汪曾祺在江苏老家时，常喝咸菜茨菇汤。后来有一次，他陪沈从文吃茨菇炒肉片，沈从文吃了两片茨菇，立马有感觉：“这个好！格比土豆高。”汪曾祺觉得吃菜讲究“格”的高低，正符合沈从文的语言风格，他对什么事物都讲“格”的，包括对于茨菇、土豆。这里的“格”，大概指品格或格调。茨菇也是圆形，但比土豆小一号，而且多一截苦涩的嘴子，像光脑壳扎一根辫子，吾乡人形象地比喻其为“清朝人”。

“北方人不识茨菇。我买茨菇，总要有人问我：‘这是什么？’——‘茨菇’。——‘茨菇是什么？’这可不好回答。”汪曾祺在北京的菜市场里，闹过这样的尴尬。据他说北京春节前后偶有卖茨菇的。一定也是从江南运过去的吧。不求征服北方人，而是为了安慰移居北方的那“一小撮”南方人。

《续冶城蔬谱》补写的雪里蕻，南京人每年都要腌制：“雪深诸菜冻损，而是独青，盖芥之别种。曩居甬东，以雪里蕻为寒畦美味。每取芥荪用盐水烂煮，有清香，略加麻油，冷食尤妙。其次伴肉品亦佳。腌可御冬，藏至明春，瓮中腾酸香，作淡黄色，味益别致。吾乡所种，未尝改味。”南京人用雪里蕻炒肉丝，炖毛豆，搭开水泡饭（或稀粥），很爽口。

还有一种瓠子（即葫芦）的烹饪方法，如今，即使在南京，也已失传。至少，问遍大小餐馆，不会再有能烧这道菜的大师傅。它只能保留在纸上了：“吴越人曰胡卢，甬东之俗曰夜开花，吾乡曰瓠子，可作羹。用肉切丝，缕析瓠瓤杂为脍，诚佳味。或剜瓠中心，实以肉糜，蒸为馔，尤美。素食亦宜。”

那么，也就让这道古老的菜，永远保留在纸上吧。等于是让我们，永远保留着对它近乎完满的想象。

南京的所有野菜，在我这个游子的想象中，比在现实中更有诱惑力，也更具生命力。唉，故乡的野菜，一茬又一茬在凋零，可在我的想象中却是活的。它们跟时间一样，是永生的。如果说人也有其精神上的根须，它们就是我的根呀。我写这篇文章，其实是在寻根。

我寻根时，也跟工兵挖地雷一样认真。不，这个比喻不够恰当，应该说我要更加虔诚。

西安的吃

西安的美食，在别处也可以吃到。北京三联书店隔壁，就有一家黄河水面馆，打着西安特色的旗号，专卖陕西臊子扯面、油泼扯面、酸汤扯面、黄河捞面、西安凉皮，等等。当然，羊肉泡馍也是少不了的。它的名气最大，堪称西安饮食文化的代表。我每次逛书店出来，看见羊肉泡馍，心想：非要在那片黄土高坡上吃，才有味道。北京城的风格，似乎只适合火锅熊熊地涮羊肉。地主的吃法和农民的吃法，还是有区别的。北京是粗犷的，西安是粗糙的。仅这一字之差，就值得人揣摩。

西安虽然也算大城市，但在饮食上保留了太多的乡土气息。不仅因为作为主食的五谷杂粮是土生土长的，牛羊是在不远处的山坡（第一现场？）牧放的，而且就连食客的口音、神态、动作，都有一种浑朴的感觉。吃着吃着，没准就意识到自己原本跟农作物一样，也是有根的。农业文明的遗传基因，已融化在西安人的血液里了。

兵马俑，兵马俑，跟地里刨出来的土豆有多大差异？

我老是记着电影《秋菊打官司》里的镜头：村长蹲在泥墙根下，手捧一大海碗泼了辣油的扯面嗖嗖地吸溜，远看就跟半截矮树桩似的。尤其那土碗，简直比他本人的胃还要大。面条，也快赶上腰带那么宽了。他怎么吃得下的？这是很典型的陕西农民的吃相。估计打下了北京城的李自成，在老家也是这么吃面的。陕西的面条真够有劲的，能把崇祯皇帝勒死。

兰州出了著名的拉面，西安出了有名的扯面。两个动词用得都很好，这一拉一扯，太形象了。（看来西北的厨师，必须是大力士，天天跟生活掰手腕。）感觉扯字比拉字还要猛一些。吃扯面长大的李闯王，一出手，不就真把皇帝给扯下马了？拉字，还可进入艺术领域，如拉二胡；扯字，很明显是在干架了。

以上都是我在胡扯。还是回到吃的正题上。西安的吃，似乎离不开面食，除了扯面、羊肉泡馍什么的，还有肉夹馍。所谓肉夹馍，其实是馍夹肉，系将刚出炉的白吉馍（俗称两张皮）剖开，夹入焖煮好的腊汁肉。但肉夹馍听上去，怎么都比实实在在叫作馍夹肉更有诱惑力，把面食强调成了肉食。这绝对是陕西人聪明的地方，充分发挥汉语言、语法的灵活性。有人把肉夹馍比喻为西安人古老的“三明治”，又说西安肉夹馍的历史可追溯到盛唐时期，比“三明治”还早千余年。仿佛西安人在跟西方人抢争“三明治”的发明权？我还听说西安有一家樊记腊汁肉店，属于老字号，里面卖的肉夹馍最正宗：“馍吸纳了腊汁肉的醇香，腊汁肉的油又渗入馍中，咬在嘴里，那浓醇酥香的滋味，立即渗入你的每一根味觉神经，随之弥漫于全身心，绵远悠长，数日不绝。用西安人的话讲‘咋咧’真可谓合二而一配衬得有如天衣无缝。”（王子辉语）

西安饮食有几大怪：锅盔像锅盖、面条赛腰带、辣子当作菜……初听锅盔的名称，我想到的还不是锅盖，而是钢盔。以为它坚硬得可以当头盔来戴，当

然，是在冷兵器时代。烙大饼能烙到这份上，也够意思，似乎在装备一支军队。但锅盔确实适合作为长途征伐时的干粮，它跟新疆的馕异曲同工。

西安人很会给食物起名字。有一道葫芦头泡馍，你可别以为真的是用葫芦为配料，其实是指猪大肠头。把肥肠头雅称为葫芦头，一方面因其形似，另一方面也增添了几分瓜棚豆架的田园情调。至少它带给你的心理感觉是很“绿色”的。西安专卖葫芦头泡馍的老字号叫“春发生”，民国初年即挂牌了。店名很明显取自杜甫“好雨知时节，当春乃发生”诗句。西安人，粗中有细，颇有几分雅兴的。据说“西安事变”前后，张学良和赵四小姐，常来“春发生”品尝葫芦头泡馍。少帅本是东北人，却对西安的小吃也有了感情。他跟这座城市命中注定将产生深刻的联系。一个外地人，在西安的历史中留下了不可磨灭的身影。

不知蒋介石被张少帅囚禁在华清池时，一日三餐如何打发？西安，是他尝到的一颗苦果。

由华清池联想到杨贵妃，以及她那著名的零食：荔枝。杨贵妃的时代，西安尚且叫长安。长安本不产荔枝，贵妃的荔枝全是由南方火速运来的。那是中国最古老的“特快专递”。杨贵妃啊杨贵妃，不仅美，而且馋，吃荔枝都吃上瘾了。

西安的吃，我们很容易了解，大不了实地踏访一回。长安的吃，则显得分外神秘。谁能够开列出唐玄宗或李白的食谱呢？段成式在《酉阳杂俎》里有一段文字，可供想象唐朝的饮食：“今衣冠家名食，有萧家馄饨，漉去汤肥，可以瀹茶；庾家粽子，白莹如玉；朝约能作樱桃饆饠，其色不变；又能造冷胡突鲙、鲤鱼臆，连蒸诈草獐皮索饼；将军曲良翰，能为驴鬃驼峰炙。”其中的馄饨、粽子，今天仍是大众食品，而樱桃饆饠之类，业已失传。有人考证饆饠是由中亚传入的一种胡饼。是否类似于现在西安的馍或锅盔？西安人啊，至今仍在吃着唐朝的遗产，吃着唐朝的利息。

难道不是吗?

我几次去西安，都是《女友》杂志社接待的。印象深的是第一次，路过大雁塔，要我下车吃早点——满满一大碗的羊肉泡馍。我一边学着当地人，将馍细细掰碎（仿佛在上一堂手工课），一边歪着头瞧大雁塔被楼群遮挡住一半的影子。影子仿佛是从那么多屋顶上直接长出来的。

当这碗热气腾腾的羊肉泡馍下肚，我踏实多了，才觉得自己确实来到西安了。而在这一分钟之前，大雁塔，也不过像是海市蜃楼。

当天晚上，喝多了黄桂稠酒。先秦的“醪醴”，即稠酒的前身。据说使李白“斗酒诗百篇”的“浮粱”，即是唐朝的一种名牌酒（系不兑水过滤的“撇醇”原汁稠酒）。稠酒色如牛奶，后劲却很大。这一回，我可不仅仅觉得在西安下榻了，仿佛还额外回到长安了。唐朝的风，穿过五星级饭店的塑钢窗户吹我，使我更清醒了，也更陶醉了……

啥都不用管，还是痛痛快快做一个梦吧，一个复古的梦。

唯一让我稍费踌躇的是：应该先梦见李太白呢，还是更想梦见杨贵妃?

我的上半身和下半身，想见不同的人。怎么办?

北京的吃

知堂老人（周作人）曾写过一篇脍炙人口的《北京的茶食》：“北京建都已有500余年之久，论理于衣食住方面应有多少精微的造就，但实际似乎并不如此，即以茶食而论，就不曾知道什么特殊的东西……总觉得住在古老的京城里吃不到包涵历史的精炼的或颓废的点心是一个很大的缺陷。”可见他对北京的饮食生活是持批评态度的。连小小的点心都包含有历史的精炼或颓废——知堂老人的要求已上升到审美的境界与高度，所以难免失望，“可怜现在的中国生活，却是极端地干燥粗鄙，别的不说，我在北京彷徨了十年，终未曾吃到好点心”。同时期的鲁迅在北平八道湾的废园抄碑拓、读旧书，是为真理而彷徨，在沉默中积蓄一声呐喊；其弟则为异乡无有可口的茶点而惆怅，悲天悯人地叹息。这实在是两种彷徨。更确切地说：是两种人生。

但两种人生我都很喜欢。

半个世纪又过去了，被知堂老人点名批评过的北京的茶食，是否有所进步？这是作为热心读者的我所关注的。

我从温柔富贵之乡的江南移居北京，同样有十个年头了，根据我的观察与体验，21 世纪以来抖足风头的京味文化，唯独其中的饮食文化是衰弱的。当然北京人可以为拥有过雍容华丽的满汉全席而骄傲，但它并未伴随“旧时王谢堂前燕，飞入寻常百姓家”。譬如坐落于北海公园内的“仿膳”、天坛北门的“御膳”，至今仍是令工薪阶层止步的——毕竟过于贵族化了。我受邀赴某次招待外宾的宴会品尝过，在雕梁画栋下看穿旗袍的小姐次第端出油腻丰盛的一道道大菜，不知为什么，我总咀嚼出一个王朝没落的滋味。或许，这确实已算陈旧的遗产了。那些繁琐生僻的菜名我全没记住，只对一碟比手枪子弹还小的黄澄澄的袖珍窝头意犹未尽——系用精磨的栗子面捏制，和玉米面的大窝头不可同日而语。后来听说，那是慈禧太后偏爱的。

价廉物美的四川菜、东北菜和齐鲁菜曾长期占领北京市场。后来有钱人多了，粤菜进京，诸多酒家的门首增设了饲养生猛海鲜的玻璃水柜。北京人不喜酸甜，糖醋调料的淮扬风味一度被拒之千里之外。直至最近，沪菜像股市行情一样陡然走俏，真是三十年河东，三十年河西。北京的餐饮，总是喜欢引进，却不大爱自我标榜。正如 20 世纪 50 年代，“老莫”（莫斯科餐厅）的俄国菜虎踞北京城，近年来的美式快餐、法国大菜、意大利比萨饼又令市民津津乐道。

走遍大街小巷，很难见到弘扬京味的本地特色菜馆。而我到天南地北的各省市出差，也极少听说北京菜这个概念。难道正宗的北京菜都失传了？或许本来就没有真正意义上的北京菜？自然，涮羊肉和全聚德烤鸭应该算，但那毕竟单调，未形成蒸煮炖烩、爆炒溜炸全面的菜系。

总不能顿顿吃烤鸭吧。总不能三伏天也涮羊肉吧。远道而来的外地人撇撇嘴：北京人不讲究吃。这包含了不会做与不会吃两层意思。尤其在讲求精致鲜美的南方人眼中，北京人似乎只擅长大碗炖肉，猛浇酱油（绿林好汉一般未开化）。北京的厨师与菜谱，估计全是借用外地的。即使确实是土著的厨师，恐怕也学的外地的手法，拜的外地的师傅。这么讲或许夸张，但真正本地的饮食，粗糙得可以，而且不成体系。北京天生就像个展览馆，北京地面上的餐饮，大多表现为各地菜系的竞争与综合。

北方人喜面食，按道理面食应该是北京的强项，但北京的面食，无论面条、包子、水饺、馅饼、馄饨抑或最简单的烧饼油条之类，都远远不如南方做得精致味美。恐怕只有窝窝头是北方的专利，南方人无法模仿。北京卖的面条，只有兰州拉面、山西刀削面、四川担担面、美国加州牛肉面，加上本

地特产的炸酱面、打卤面，屈指可数的几种，可我去苏州，走进拙政园附近的一家面馆，墙壁悬挂的大黑板上用彩色粉笔写有几十种面条的名称及不同的标价，看得我眼花缭乱，直恨自己嘴长少了，无法一一品尝。苏州真神了，连面条都有几十种做法，难怪出美食家呢，记得我只点了最便宜的一碗菜煮面，浇点辣椒油，吃得心旷神怡。北京的包子，基本上延续天津狗不理一派，很结实，但味道跟我老家南京皮薄馅肥、吹弹得破的刘长兴小笼包子，以及上海滩上金玉无双的蟹黄包子没法比。而且北京似乎没有那种以米饭搅拌肉汁作馅的类似包子的烧卖。在北京想起江浙一带的烧卖，我垂涎欲滴：唉，疏远此物已久矣。

同样是馄饨，北方人手拙，捏制得四四方方，形状颇粗笨，皮厚馅少，且清汤寡水，虽加有虾皮、香菜等调料，但吃起来和面片儿汤无异。南方的馄饨则出神入化了。南京新街口有一个体餐馆专卖辣油馄饨，大铁锅里永远滚沸着漂满油髓的排骨汤，老板娘站在案前现做，用筷子尖挑来肉馅，沾在面皮上信手一捏，顿时是初绽的花骨朵的模样，速度又快，下雨般落进锅中。这简直像一门手艺。高汤之鲜美自然令人咋舌，就是那货色，一送进嘴里就仿佛化了，只留下无尽的回味。没吃过那样的馄饨，简直枉活一生。要知道，这在江南是最平民化的小吃了。而在北京吃馄饨，我从来不愿连续吃第二碗。甚至尽量回避，以免败破自己对馄饨的印象及兴趣。

比较来比较去，我只能这样解释：北京的面食是为了求饱，而南方的面食则为了解馋。这自然影响到其滋味乃至情调了。南方的面食大多作为小吃，在生活中带有陪衬性与玩赏性，而北方则以其为主食——难怪呢，这就像妻与妾的关系（开个玩笑）。推而广之，或许能判别出两地居民对整个饮食的态度。这甚至已成为传统了。难怪周作人当年在北京街头的饽饽铺里吃不到情投意合的好点心，并引以为憾。

北京有几个地段是专门卖小吃的。譬如隆福寺与东华门一带，街边的大排档颇为热闹，每晚总有成群的游客挑灯夜战。小吃就要这样，在人群中站着吃，每样尝一小碟或一小碗，甚至仅仅尝一汤匙，仿佛神农尝百草。客观地说：北京有几种小吃还是让人流连忘返的，譬如炒肝、卤煮火烧、爆肚。另有一种豆汁儿（在清朝和民国时极有名），其味怪异，今天只有少数老人对此孜孜不倦。正如小吃街大多是外地游客云集，土著居民则很少光顾——北京是大城市，北京人不大看得起小吃，北京的小吃，则是为了满足外地人的好奇心。

说北京的饮食求饱为主、解馋为次，并不是说北京人不馋。北京人的馋也是有传统的。

新疆的吃

飞机降落在乌鲁木齐。入住市区一家星级酒店，当晚的招待宴是海鲜自助餐，三文鱼、基围虾、海螺海贝，应有尽有。想不到来新疆后吃的第一顿饭居然是海鲜。想不到在这座离海洋最远的内陆城市，也能吃到生猛海鲜。这些海产品一定跟我们一样是空运来的。新疆富了！饭后逛街，马路对面有一溜大排档，烧烤羊肉串、羊腰子、板筋，挨个看一看，不饿，却馋了。唉，看来不饿的时候也会馋。馋比饿更难忍受。于是这班来新疆开会的诗人，不由自主地在路边长板凳上坐下，各叫了几串烤羊肉，摆出一副“宜将剩勇追穷寇”的架势，还开了瓶伊犁特曲。我在北京爱吃魏公村（清代的维吾尔村）的烤羊肉串，可跟新疆当地的一比，就显得小气了；本地的烤串，每一块羊肉都比王致和豆腐乳还要大一圈，用大铁钎穿了起来，握在手里沉甸甸的。

在调料盒里转一圈，蘸满孜然、胡椒面，大口咬下一块，吃得眼泪都快出来了，心里却狂呼过瘾。

几串烤羊肉下肚，满口余香。可以说直到这一分钟，才真正感到自己是在新疆着陆了。

第二天我们就以浩浩荡荡的车队，直奔南疆而去。每人发了食品袋，内装一块酱牛肉、一块烧羊肉、一块馕，好结实哟。幸亏还预备了一根黄瓜、一个西红柿。这就是我们白天赶路的口粮。在颠簸的旅游车上，望着窗外绵延不绝的天山，咬一口羊肉，再咬一口牛肉，顺便咬一口馕，觉得自己就像游牧民族，正骑在马背上，风雨兼程。风景也可以佐餐、可以调味、可以帮助消化。窗外的冷风景，正适合我们的冷餐。路过火焰山时，我想开个玩笑：要是在火焰山上烤全羊，不是挺节能的吗?

夜宿轮台，终于吃到热乎乎的烤羊肉包子。我像吃南方的灌汤包一样小心翼翼，生怕滚烫的羊油溅出来，烫嘴。

后来在塔里木河胡杨林公园，我果然吃上了梦寐以求的烤全羊。估计是用已枯死的胡杨树枝烧烤的。坐在篝火边，嘴巴用来品尝烤全羊，眼睛用来欣赏维吾尔族少女的舞蹈，耳朵呢，用来倾听大名鼎鼎的十二木卡姆，真是全方位地感受新疆。我连喝了好几碗当地土酿的红葡萄酒。一团火，也在从里到外地烤我。我坐不住了，站起来加入跳舞的队伍。我是属羊的，偏偏爱吃羊肉。我说，就让那只羊在我身体里复活吧。我醉了，我要唱歌了。

新疆是粗犷的，唯独库车是细腻的。这里不仅出美女，还有做得最入味的手抓饭。米饭里加上洋葱、胡萝卜、肥厚的羊肉块及各种调料，用羊油仔细地烹炒过，每一粒大米都光亮可鉴。每人面前摆上一大盘，上面垫一块羊排，热气腾腾。说是手抓，我们还是使用了调羹。刚尝一口就下了结论：比扬州什锦炒饭味道可丰富多了，鲜美多了。我把手抓饭当作大西北的扬州炒饭。

到阿克苏，可要吃大盘鸡。内地的新疆餐馆也有卖大盘鸡的，都不如阿克苏的正宗。烹调的技艺差不多，估计是阿克苏本地的土鸡味道本身就好，或调味品搁放的多少有关系。我刚夸赞这是吃得满意的大盘鸡，旁边有人一打听，这家大盘鸡餐馆的老板居然是四川人。阿克苏有许多外地人开的餐馆，做的新疆风味倒也一点不逊色。

从乌鲁木齐到喀什，我们的车队连走了好几天。一路上经常误了饭点。导游挺有经验，给每辆车里都预备了一大包馕。饥肠辘辘之时，可以掰一块馕来充饥。馕在唐朝时，又叫胡饼。来到古西域，内地的诗人也爱上了胡人的伙食。我们的祖师爷李白，就出生在西域，身上有胡人的血统。新疆的诸多风味食品，其历史跟唐诗一样悠久。

在阿图什的柯尔克孜民族园，走进毡房，席地而坐。克州歌舞团的演员们一边以马奶酒相敬，一边表演歌舞。柯尔克孜族是古老的游牧民族，他们做的手抓羊肉很有草原特色，用昆仑山的雪水白煮的。有人吃手抓羊肉时蘸调料，我偏不蘸。我从这清白的手抓羊肉里尝到了最自然的味道，满口清香。

这些天在新疆，肚子里塞满羊肉，有点腻了。正好旁边有可供游客自由采摘的果园。一边散步，一边摘头顶葡萄架上悬挂下来的青葡萄、紫葡萄吃，让葡萄汁在我们身体里酿酒吧，我要把它窖藏了。直到今天，我心里仍充满对新疆的甜蜜回忆。

南方的小吃

吃小吃还是要到南方去。南方的小吃才是真正的小吃。北方适合大吃大喝，如同《水浒传》里梁山好汉的风格："大碗喝酒，大块吃肉。"而南方的小吃之小，首先是从餐具开始的：小碟，小碗，小调匙，小酒盅……做工都很精致，描龙绘凤，把玩于掌心，简直像艺术品。小吃的品种繁多，大多是袖珍的食物：小包子，小锅贴，小汤圆……样样都突出一个小字。在北方人看来，只够塞牙缝的。但吃起来可不是这么一回事。络绎不绝地端上来，很快摆满一张桌子，令人目不暇接，像一桌微型的满汉全席。只好边上边吃，边吃边撤，最终记不清有多少种类了。吃小吃有时比吃大菜还要累、还要忙碌，眼前的碗碟走马灯般地调换着，像用望远镜看一台武打的京戏——堪称饮食文化的微缩景观。幸好服务的小姐人数不少（长得也都很秀气），你来我往，似乎要全体出动才能照顾好一桌客人。真正辛苦的是她们。南方的小姐，说话的声音也要比北方的轻柔半拍。在这样的氛围里吃饭，再粗鲁的人也会变得文雅一些——生怕失手打破了这精致的世界。

在南京的夫子庙请一位北京来的朋友吃小吃。人高马大的他，面对小如孩童巴掌的碗碟既有点惊奇，又有点尴尬。当他发现端来的小碗里只盛有一只两只水饺或小花卷——有一件小碟甚至只装了两块小豆腐干和三粒茴香豆（孔乙己吃过的那种）时，哑然失笑了。我知道，他是小看南方的小吃了。他甚至觉得可以从这一细节证明南方人的小气了吧。他一开始还囫囵吞枣地打发着纷至沓来的小吃，摆出一种横扫千军如卷席的大将风度，但渐渐被南方小吃千差万别的滋味吸引了，不住地咂舌："这简直像万花筒，转得我头都有点晕了。但确实别有风味。"等上满几十道的时候，他有点力不从心了，额头冒出细汗："还有多少道呀？快叫服务小姐别再上了。否则我的肚皮快破产了。"小吃的诱惑力就在这里，令你担心自己停不下来。当他离席的时候，面前的小蒸屉里还剩有一只拇指大小的烧卖——他实在对付不了了。

所以说南方的小吃才是真正的小吃，重在品种与滋味。如同神农尝百草，浅尝辄止。如果每一道的量稍大一点，你就难以尝遍了。小吃不可以小看。在南方吃小吃，甚至还有某种游戏的感觉：面对小巧的餐具和袖珍的食物，你会恍惚觉得，仿佛世界都缩小了。参观那种汇集各国著名建筑微缩景观的世界公园，你也会有类似的心情。

谢村黄酒香袭人

想不到啊，在陕西能喝到黄酒，而且是本地酿造的。我原以为黄酒是江南鱼米之乡的专利呢。这跟陕南洋县的地理优势和气候特点相关。它属于汉中盆地，秦岭南边，与陕北的黄土高原简直冰火两重天，风格上却接近巴蜀，青山绿水，风调雨顺。既能种麦子，也能长水稻，当地盛产的五色米更是享誉远近。好米与好水，为黄酒的酿制提供了先天性的好条件。秦洋长生酒业集团公司有名牌白酒“古秦洋”，还有首开中国北方黄酒之源的“谢村花雕”，听名字就很古朴。

谢村被世人知晓，则因为在汉代曾是北方黄酒最大生产基地，商代先民曾在此用谷物酿造黄酒，唐宋时就引得诗人骚客关注。悠悠汉水，再加上汉水之畔名贵米中三珍之一的糯米，使谢村花雕色如琥珀。我充满好奇地尝了一杯，可以负责任地说，并不逊色于曾在绍兴让我惊艳的状元红、女儿红。口感上甚至另有独特之处，散发着谷物炒熟般的醇香和类似咖啡的焦煳味，很明显不是江南黄酒的复制。我想，那种说不清道不明的无穷回味，就是北国的滋味吧。不仅铸造出舌尖的醇厚，而且得益于天地的开阔。

有了这一口带给我的底气，在品酒会上让我发言，我就没加以拒绝。古话说南人北相者或北人南相者贵，酒也如此，南酒北味者或北酒南味者，都非凡俗之辈。我在洋县的酒坊听到南方的呼唤，又从这黄酒里品出北方的滋味。谢村花雕，亦南亦北，集婉约与豪放于一体。酿酒本就是取精华而弃糟粕，更难得的是兼容天南地北的特色，混搭出来的滋味，该叫作完美。

酒厂让我题字，我同样没拒绝。靠刚喝的那杯酒撑腰，壮起胆子拿起毛笔。我的字很丑，但我的心很温柔。写了“谢村黄酒香袭人”。有一份心意最重要。我不嫌自己的字丑，还怕献丑吗?

洋县还产黑谷酒。参观完秦洋酒业之后，我们又走访朱鹮黑米酒业集团公司。有一种黑米酒用葡萄酒的工艺制作，也分干红和干白。这就不仅是南北结合，分明是中西合璧。由酒见人心，洋县有海纳百川的包容性。

周庄的鱼

去周庄肯定要吃鱼的。

周庄是江苏昆山的水乡古镇，为澄湖、白蚬湖、淀山湖和南湖所拥抱，四面环水："咫尺往来，皆须舟楫。"江南原本就是鱼米之乡，周庄更是鱼米之乡中的鱼米之乡，很有代表性的。

去周庄不单单为了饱眼福，也要饱口福。在秀色可餐的周庄，人也会变馋的。不吃鱼，吃什么呢？那不等于白来一趟嘛。

在周庄吃鱼，能吃出别样的滋味。不信你就试试。所谓靠山吃山，靠水吃水——这回靠得真够近的。可以坐在跨河的骑楼上吃，在湖边吃，甚至在船上吃。

鲈鱼就是很好的例子。著名的蚬江三珍，即鲈鱼、白蚬子、银鱼。鲈鱼居榜首。去周庄的任何一家餐馆点菜，老板或小二，都会抢先向你推荐新捞上来的鲈鱼。正养在屋檐下的水缸里呢。

更难得的是，他们还会像训练有素的导游一样，给你讲点典故。这个典故其实已收入成语辞典里，叫"莼鲈之思"。晋惠帝永宁元年（301 年），在朝的大文人张翰，对黑暗政治忍无可忍，以秋风起，思念家乡的菰菜、莼羹、鲈鱼为借口，从洛阳辞官返回故里，游钓于南湖，吟诗作画，不亦乐乎。表面上他是嫌弃北方的饮食粗糙，大碗酒肉，不如江南的一小盅鱼汤可口，但他真正追求的还是超然物外的逍遥："人生贵得适志，何能羁宦数千里，以要名爵乎？"

这简直是另一个陶渊明。

陶渊明不为五斗米折腰，辞了小小县令不做，把酒西风，采菊东篱。张翰的官可能做得大点，也一样挂冠而去。遥远而温柔的莼丝鲈脍，更坚定了他放弃仕途、回归自由的决心：哼，老子就好这一口！不跟你们玩了！

人们一直以“莼鲈之思”来比喻思念家乡和故土之情。这我早就知道。来到周庄之后，才第一次听说他是本地人。原来他所思念的，是周庄的莼菜和鲈鱼呀。

张翰的书法了得，诗也写得好，有名句“黄花如散金”。李白对他评价很高：“张翰黄金句，风流五百年。”

不爱江山爱美人，已经够离谱了，但还容易理解一些。张翰更另类：不爱江山爱美食，为一碗鱼汤就抛弃了高官厚禄。值还是不值呢？要看谁来评价了。欧阳修倒是体谅甚至赞赏张翰的豪举：“清词不逊江东名，怆楚归隐言难明。思乡忽从秋风起，白蚬莼菜脍鲈羹。”

为纪念这位大隐士，当地人把南湖称为张矢鱼湖。因为它是张翰钓鱼、食鱼的地方。张翰本人跟周庄的关系，也是一种鱼水之情。

周庄是张翰的桃花源。一个人的桃花源。他的喜怒哀乐、酸甜苦辣、只有天知地知。

说起周庄，人们首先会想到沈万三，那位慷慨解囊赞助朱元璋筑南京城墙的“大款”。周庄至今尚有一道名吃，就叫万三蹄，传说是沈万三家招待贵宾的必备菜：“家有筵席，必有酥蹄。”我在沈厅酒家品尝了，还额外买了几袋真空包装的，准备送给办公室同事。但愿能带给他们一些财气。

我这次来，还有个意外的收获：了解到周庄是“莼鲈之思”这个典故的“原产地”。原来周庄除了沈万三之外，还有个张翰。在我眼中，后者甚至比前者更有意思，更有魅力。

沈万三充其量不过是物质的富翁。张翰并不逊色呀，他绝对算得上是精神的富翁。我想，不管在哪个朝代，精神富翁永远比物质富翁要少的，也更难做。

万三蹄煨煮得再酥软，还是有几分俗气。比不上东坡肘子，更比不上张翰的鲈鱼。

张翰的鲈鱼，不像是游在水里的，而像是游在空气中、影子一样的食物。尤其跟务实的万三蹄相比，它彻底是务虚的。

在周庄的这顿酒（饮的是当地土酒“十月白”），我喝得有点高了。感觉张翰的鲈鱼，就游动在我身边，甚至指缝间。稍一松手，它就会溜走。这条鱼的名字，也许叫“自由”。

张翰回到这个有莼丝鲈脍的地方，他就自由了。那是一种类似于李白“天子呼来不上船”的自由。

我如果真能受到张翰的影响，也就自由了。游啊游，名利于我如浮云，如幻影。子非鱼，安知鱼之乐？子非我，安知我不知鱼之乐？

去周庄肯定要吃鱼的。最好是鲈鱼。那使一千七百年前的张翰直流口水的鲈鱼，想得心里发慌的鲈鱼，归心似箭的鲈鱼。咱们也应该尝一尝啊。

莼菜鲈鱼羹，被列入江南三大名菜。张翰使莼菜和鲈鱼同时出名了。

鲈鱼有四腮、两腮之别。周庄出产的鲈鱼一般为两腮、背上没有刺戟，但有花斑，肉嫩刺少，入口绵软。据一份叫《九百岁的水镇周庄》的旅游手册介绍：“鲈鱼有很多种，蚬江中野生的塘鳢鱼，也可称为鲈鱼，三四月间，菜花盛开，其鱼最肥，故又叫菜花鱼。”清《周庄镇志》记载：“菜花鱼亦名土附，那张翰所思的鲈鱼，较之松江鲈鱼仅少两腮耳，佐以新笋煮汤，食之味最鲜。”看来做鲈鱼汤，没有莼菜时，可以新笋为替代品。滑腻的莼菜挺娇气的（被称为“娇生惯养的水生作物”，只适合在水温暖和、水质清纯又风平浪静的港汊生长），竹笋则皮实多了。新笋再嫩，也嫩不过莼菜呀。莼菜跟入口即化的鲈鱼肉一样，是一种务虚的食物。它们真是一对绝妙搭档。你能说清谁是主角或配角吗？

叶圣陶也好这一口：“在故乡的春天，几乎天天吃莼菜。它本来没有味道，味道全在于好的汤。但这样嫩绿的颜色与丰富的诗意，无味之味真足令人心醉呢。在每条街旁的小河里，石埠头总歇着一两条没篷船，满舱盛着莼菜，是从太湖里捞来的。像这样地取求方便，当然能日餐一碗了。”在周庄，我也亲眼看见了那种捞莼菜的小舢板。莼菜很轻，舢板很轻，捕捞者的动作，也很轻很轻，仿佛生怕把梦一样漂浮在水面的莼菜惊动了……

蚬江三珍，除鲈鱼外，还有白蚬子和银鱼。

白蚬子是一种贝类，煮汤，色白如牛奶，异常鲜美。若再加进几块咸肉熬煮，味道会更醇厚。也可将蚬肉挑出，切成丝跟韭菜爆炒，绝对把一般的猪肉丝炒韭菜比到地下去了。

银鱼是一种“微型鱼”（如微型小说之类），仅有 7 厘米长短，细小得跟火柴棍似的。无骨无刺。裹鸡蛋烹炒，是常用的手法。在周庄，也有餐馆把它做成鱼圆煮汤。北方人，见惯了大鱼大肉，到了周庄，尤其应该尝尝小不点儿的银鱼（似乎要用放大镜查看），会感到很新鲜的。

据《九百岁的水镇周庄》一书介绍，鲃鱼也是特产："体长三寸左右，小口大腹，细鳞、花背、白肚，肚皮上有小刺，用手指触碰，身体涨大如球。烹食时脊背嵌鲜肉后，重糖红烧，肉质细嫩，十分鲜美。苏州名菜鲃肺汤驰名江

南，在周庄也可品尝。所谓鲃肺，其实是鲃鱼的肝脏。”还有身体呈条状、营养丰富的鳗鲡（好温柔的名字），肉质比鳝鱼还要细腻润滑。每年立秋前后是鳗鲡的汛期，当地有乡谚：“稻熟鳗鲡赛人参”。

由于在周庄逗留的时间较短，或季节不对，鲃鱼与鳗鲡，我都只是耳闻，没有见到。留一点点遗憾，未必是坏事。至少，这还给我找机会重游周庄——留了点理由。

在周庄吃鱼，应该喝点酒，最好是当地酿造的“十月白”。其制作方法是：“用新糯米蒸成饭，调入酒药后，置于缸中，等它成为酒酿，漉去酒糟，再加河水贮于甏中，然后将甏置于墙壁旁。过月余，则成为色清味美的‘靠壁清’。这种白酒又以农历十月所酿制的为珍品，人们便称之为‘十月白’。”（引自《九百岁的水镇周庄》）周庄水好，自然适宜酿酒。早在清代，镇志就记载：“有木渎酒家邀此间酒工往彼酿之，味终远逊，良由南湖蚬江之水使然耳。”

在周庄，吃着湖水养大的鱼，喝着湖水酿成的酒，也算“原汤化原食”吧。

我不知不觉就醉了。觉得自己的胃、自己的肺、自己的心，也正在被清洌的湖水融化。

1989年清明前后，台湾女作家三毛来过周庄。据当地人介绍，其时春雨绵绵，大片大片的油菜花被清洗得像是刚调试出来的颜色，三毛隔窗而望已觉不过瘾，特意叫汽车停下，走入田地里，伸手摘下一朵金黄的油菜花，放入口中慢慢咀嚼：“在台湾，几乎看不见油菜花了！”眼泪夺眶而出。油菜花很少用来生吃的，可三毛不这样做，似乎无法表达对烟雨江南的一往情深。她的唇齿之间弥漫着乡土的清香。那天中午，可能是在沈厅酒家设宴招待这位远客。三毛凝视着满桌色香味俱全的鱼虾水鲜，舍不得动筷子。在主人频频劝说下，她还是先站上凳子，用照相机从空中俯拍下这幅水乡佳肴图，然后才坐下就餐。仿佛生怕记忆也不可靠似的。她一再说：“只有回到家乡，才能享受到这么丰富的河鲜！”

周庄有迷楼，地处贞丰桥畔。原名德记酒店，是一位姓李的镇江人开的。

被雅称为迷楼，乃是因为窗含香雪、门泊吴船，正应验了"酒不醉人人自醉，风景宜人亦迷人"。迷楼早先曾迷倒过诗人柳亚子。1920年，柳亚子来周庄，连续数次邀集南社同仁在迷楼诗酒唱和，将一系列作品刻印为《迷楼集》。他本人步长篇叙事诗圆圆曲原韵而作的《迷楼曲》，也脍炙人口。诗人把店主的美貌女儿阿金比喻为当垆的卓文君。我这次去周庄，慕迷楼之名而踏访，本想在楼上挑一雅座小酌，以触发诗兴，留下一二篇章。可惜物是人非，迷楼早已不卖酒了，改作那次南社活动的纪念馆(被命名为昆山市爱国主义教育基地)。

我迷迷楼，迷楼不迷我。虽然空跑一趟，诗还是写下了。附录如下，作为本文结尾：

没有水，就没有周庄/就没有把我打开的这个夜晚/没有水，就没有渡我来的船/就没有驼背的桥，以及第二个月亮/正如没有雨就没有伞。没家的人/即使有伞，也是收拢的/没有水，周庄就没有倒影啊/树木成倍地增长，我在倒影里/找到了另一个家。我愿意退化成鱼/或别的什么/而你，一半游在水里/一半游在岸上。空气中布满了网/我走得很慢，很慢……/擦过眼泪的手帕，干了/可那被手帕擦过的地方/还是湿的……

南京新街口的寡妇面

南京最繁华的地方是新街口。新街口有一家小店，靠卖寡妇面出名的。

寡妇面，听上去似乎不太吉利，但生意忒好。这真叫本事了。

该店门脸不大，只够摆几张桌子，因而站满了等座位的人。很多的时候，顾客的队伍不得不拖到街上去，甚至一直延伸到数十米开外肯德基门前。大家虽然在排队，却很有耐心的样子，似乎为吃一碗这家的面条，即使在风中“罚站”半小时也是值得的。真够无怨无悔的。

这是很长中国人志气的。南京的“寡妇”，居然没有被来自美国的肯德基大叔挤垮，而且用小米加步枪就打败了人家的洋枪洋炮。不知道类似的场景在别的城市是否还能见到。

若是不了解内情的外地人路过，没准会以为排队的顾客全是老板请的“托儿”呢。卖本小利微的面条也要请“托儿”？请得起吗？托得住吗？

凡是南京人都知道新街口的寡妇面，这就叫口碑。顾客大多是回头客，或慕名而来的，使之充满了人气。但这是现在的事情，放在十年前，没有谁知道寡妇面为何物。

如果说寡妇面是被托起来的，也有道理。只不过所谓的“托儿”不是老板花钱雇用的，而是自愿加入的，或者说被寡妇面俘虏了。他们就是新街口这一带写字楼里的白领，以及商厦里的营业员。午间吃腻了盒饭，又不太习惯美式快餐，就拐进闹市的小巷子里，下一碗热腾腾的汤面对付一下。可这一吃，就上瘾了。一传十、十传百，寡妇面就火起来了。寡妇面的名称，也就显出它的好来了：多么富有家常味和亲和力，甚至还有一点点作料般的暧昧。可见俗到家了就是雅。

寡妇又有什么不能叫的？想当年，穆桂英还是著名的寡妇呢。京戏里不是有一出《十二寡妇征西》吗？寡妇做的面条，味道一定不错。寡妇其实更有人情味，更知道人情的冷暖。

如今，不仅原先的那一家小店生意兴隆，周围的巷子里，又陆续开起了十几家新店，一律号称卖的是寡妇面。

我回南京老家，弟弟邀我去吃寡妇面。他说你一定得尝尝。什么叫家乡味？这就是。它能让你回忆起童年吃的面条的味道。

当时是春节前后，我们哥俩在寒风中足足等了20分钟（好在可以边等边聊天），终于挤进了店铺内。墙上挂着一块黑板，用粉笔写着十余种面条的名字和标价。有肉丝面、牛腩面、菜煮面、阳春面，等等。弟弟说做得最正宗的是皮肚面，他给我点了一碗，又给自己点了一碗熏鱼面。

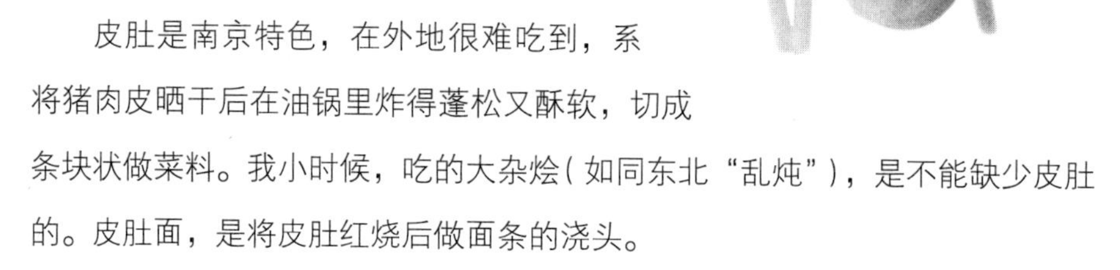

皮肚是南京特色，在外地很难吃到，系将猪肉皮晒干后在油锅里炸得蓬松又酥软，切成条块状做菜料。我小时候，吃的大杂烩(如同东北“乱炖”)，是不能缺少皮肚的。皮肚面，是将皮肚红烧后做面条的浇头。

该怎么形容这碗皮肚面的魅力呢？我只能说，它改变了我对面条的看法(正如有人说“一本书可以改变一个人的世界观”)。面条要做得好了，真能比任何一道大菜都要解馋。我从此再不敢小瞧面条了。

寡妇面并不是寡妇做的。我留意看了一下，柜台后面的老板是男的。可它就这么叫起来了，就这么火起来了。你不服气也没办法。

坐下来吃一碗吧，你就服气了。至少这味道在别处是吃不到的。

我认识一位在金陵饭店干过的大厨，问他南京哪家星级宾馆的菜做得最好。他诡秘地一笑：真正的美食在民间，宾馆里做的菜，再高档，也有形而无神。我闹不清这究竟是环境的原因，还是人的心理作用使然。

寡妇面是很典型的民间产物。虽属小吃，却浸透了南京的“土著味”。甚至连就餐的环境也是如此：粗粗粉刷过的墙面，没贴瓷砖的水泥地，矮桌子，高板凳，人似乎要俯下身子才能够着那碗香喷喷的汤面。它恢复了我们童年时（那是一个清贫的年代）对美味的记忆乃至无法扼制的憧憬。说得直白点，它唤醒了我们被富裕生活弄得麻木了的一副好胃口。

真正的美味确实只有在民间才能偶然邂逅。哪怕只是一碗面条。我只知道越高档的餐厅，做的面条越难吃。不信你试试。

邂逅本身就是一种美。正如少小离家的我与故乡的寡妇面。

在北京，见到写有小说《爱情特快》的女作家云潇，她正好要去南京参演一部电影，就顺便向我打听南京有什么好吃的。我想了一下，没说盐水鸭，没说鸭血粉丝汤（这些是到处都可仿制的老名牌了），而是说起新街口的寡妇面……我这篇文章，不过是把对她的讲述重复了一遍。

云潇是重庆人。她说重庆解放碑一带，有家卖酸辣粉的也是如此。小铺子不足十平方米，房租却已涨到一年 20 万元。为什么？就因为生意太火爆了。一天几乎数不清要卖多少碗。门前站满了排队的人。因座位有限，大多数买到酸辣粉的人都要蹲在马路边吃。那场景我没见到，却能够想象出来。不就跟南京的寡妇面一样吗？看来每座城市的民间，都有各自的美食传奇。

云潇说她去南京拍戏间隙，一定要抽空溜到新街口，尝尝寡妇面究竟有怎样的魔力。她带着这样的期待，寡妇面是不会让她失望的。

我想的却是：什么时候到重庆出差，先不争着办事，而是直奔解放碑，不声不响地排在买酸辣粉的队伍的后面，眼巴巴地等着……等一碗长江水煮出的酸辣粉。

淇河鲫鱼领我寻根

中国诗歌学会在河南鹤壁市创办一个叫作“诗人之家”的创作基地，我有幸受邀参加剪彩仪式。一阵鞭炮与掌声之后，又摆上几十桌酒席，真够隆重的。我跟负责接待的一位当地政府官员开玩笑：瞧这气氛，有点像举办婚礼！他劝我把杯中酒干了，又特意夹了一条烤鲫鱼给我：你可一定要尝一尝，这是淇河鲫鱼，“鹤壁三宝”之一。每个地方都会有几道拿手好菜，看来这喷香的烧烤鲫鱼是鹤壁饮食文化的代表作，我赶紧调动起全部的味蕾仔细品尝。不仅如此，还要调动起更多的想象……

鲫鱼经过上好的木炭烤制，肉香中还掺杂淡淡的松香味。鳞甲、鱼鳍、骨刺，都烤得酥脆，尽可放心地咀嚼。就其本身的滋味而言，并不见得比别处的鲫鱼高明到哪里；仅仅因为它是生长在淇河里的，就足以使我这样喜欢附庸风雅的食客产生非同寻常的激动与联想。要知道，淇河，可是一条充满诗意的河哟。

正如同样是吃鲤鱼，虽然河塘湖泊里都有，但最上乘的要数黄河鲤鱼。仿佛黄河鲤鱼才是真正的贵族：毕竟，它具备跳龙门（黄河流经山西的那一段）的资格。附着在黄河鲤鱼身上的神话故事、民间传说，使它超凡脱俗。淇河鲫鱼，必然也是沾了淇河的光。

淇河，古称淇水，发源于山西省陵川县方脑岭棋子山，流经河南省辉县、林州、鹤壁市的淇滨区、淇县至浚县淇门村以西的新小河口注入卫河。原为黄河支流，属黄河水系。“古淇河并非在今新小河口处注入卫河，而是继续南流至浚县申店（古宿胥口处），折向东北流，经浚县官庄后，流经同山、白祀山、枉人山之东，至浚县瓮城（雍榆城遗址）及蒋村（顿丘县故城遗址），再往前行注入古黄河，这段古河道古称‘白沟’，又称淇河下游故道或‘宿胥故渎’。古淇河在今鹤壁市域内呈 U 形遍及整个市域。公元前 494 年，即晋定公十八年，因黄河改道，淇河南注。东汉汉献帝建安九年（204 年）曹操率军北进邺城、冀州，进而远征乌桓，为通粮道遏淇水入白沟（今卫河），使淇河从淇门、枋城改道北流，成为卫河支流。”（李福州语）

淇河之伟大，不仅仅在于它源出太行山脉，流经两省多市，穿越中原大地，仅鹤壁市境内的淇河两岸就有殷商四代帝都朝歌、西周康叔卫国都城朝歌和战国时期七雄之一的赵国早期国都中牟等一系列遗址；还在于它是一条从《诗经》里流过的河。《诗经》收录西周至春秋中叶诗歌305首，其中的邶风、鄘风、卫风均为卫地诗歌，也合称卫风，共39首，描写淇河及淇河流域自然风光或人类生活。淇河（“淇”字）在《诗经》中出现的次数，仅次于黄河（“河”字）。可见淇河除了滋养沿岸的世代居民之外，还滋养《诗经》，以及无数的读者。

我孤陋寡闻，说实话，以前都不知道河南还有个鹤壁市，这次前来，感到很冒昧。但我早就听说过淇河了。年少时读《诗经》，读到许穆夫人怀念祖国的《泉水》：“毖彼泉水，亦流于淇。有怀于卫，靡日不思。”她还有一首《竹竿》，也表达同样的情绪：“淇水滺滺，桧楫松舟。驾言出游，以写我忧。”淇河在我心目中也就成为一条多愁善感的河流。它默默承担了太多的相聚与离别，譬如《桑中》所描写的：“期我乎桑中，要我乎上宫，送我乎淇之上矣。”虽然不曾亲眼目睹，但这条古老的河流对于我并不陌生，仅仅一纸之隔。我甚至了解河岸除了有桑树外，还覆盖着竹林。这是《淇奥》一诗告诉我的：“瞻彼淇奥，绿竹青青……”

本以为这条遥远的河流，只能流淌在梦中，想不到自己居然无意识地来到它的身边。没有任何预告，也没有任何预感。全靠餐桌上的一尾鲫鱼，提醒着我：淇河，离我已经很近、很近。这尾鲫鱼，曾在淇河的波浪中游动。而淇河，在《诗经》的字里行间游动。所以，也可以说，这尾淇河鲫鱼，是从《诗经》里向我游来的。我从它身上闻到淇河的气息，《诗经》的气息，桑葚和竹叶的气息，泥土、水草乃至纸张的气息……这一切已远远超过了它本身的滋味。它已不仅仅是食物，更是一种信物，证明着我超越时空的情感。

难怪要在鹤壁建立“诗人之家”呢。流经鹤壁的淇河，是一条诗河、史

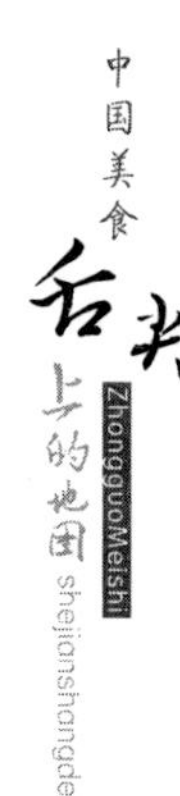

河、文化河。一尾淇河鲫鱼领我寻根。作为一个当代诗人，我也想变成鱼，去淇河游泳，去《诗经》里游泳，《诗经》永远是我的上游。

饭后，我丢下碗筷，想寻找纸笔。

我迫不及待地请当地的朋友，带我去踏访淇河。当那条清澈、安详的河流呈现在眼前，太像一个梦境。我下意识地成为一位年轻的古人，进入一个遥远的时代，却不无还乡般的亲切感。遇见堤岸上的垂钓者，我会浮想联翩：他究竟在钓鱼呢，还是在钓诗？许穆夫人的《竹竿》，第一句即是："籊籊竹竿，以钓于淇。岂不尔思？远莫致之。"淇河鲫鱼，在那时候，恐怕就是脍炙人口的美味了。

我在鹤壁几天，品尝到诸多当地特色食品，偏偏只记住了一道烤鲫鱼。

天目湖砂锅鱼头

自秦朝即建县制的古城溧阳，地处苏浙皖三省交界，秦有鸡鸣三省之说。脍炙人口的唐诗《游子吟》诞生于此："慈母手中线，游子身上衣……"当时孟郊在溧阳任职。溧阳原本有一个叫沙河的水库，为了开发旅游，易名为天目湖。天目湖一炮打响，纯粹因为盛产胖头鲢。远近省市的客人到溧阳来，就为了品尝特产天目湖砂锅鱼头。每逢周末，水库边停满了各地牌照的汽车。露天的餐馆，也打出现钓现吃的招牌，以鱼头的鲜嫩、鱼汤的鲜美作为诱惑。一传十，十传百，滚雪球般吸引来更多的城里人，他们在钢筋水泥丛林中吃腻了玉盘珍馐，嘴里快淡出鸟来，正惦记着到野外尝鲜呢。浑朴的砂锅、弥漫的鱼香，使他们兴奋得差点打一个趔趄：就在这里了，看一看湖景，吹一吹湖风，尝一尝用湖水煮的湖鱼。天目湖，原先地图上都找不到的地名，就这样香飘百里。

以砂锅鱼头为龙头，溧阳又推举出天目湖啤酒、天目湖茶叶、天目湖土菜等一系列绿色产品，起到很好的连锁效应。看来，以一种食物带动一个地方的经济，并不是神话。仅用了十年，天目湖就从一个昔日门前冷落车马稀的水利工程，演变为年接纳游客 200 多万人次、旅游收入 20 多亿元的经济支柱，不能说没有砂锅鱼头的功劳。譬如，我回南京休假，约了三五好友踏青，不去苏锡常，不去杭嘉湖，而是驱车直奔小小的溧阳，就是为了响应砂锅鱼头的号召。唉，真验证了那句话：鱼我所欲也。

天目湖砂锅鱼头，究竟鲜美到什么程度？我说不清楚。其中，不乏食客的心理作用吧。就餐的环境首先打出较高的印象分：在水一方，天目湖本身就像巨大的砂锅，波光荡漾，烟雾袅袅，摆放于群山中间。而桌面上热气腾腾的鱼头砂锅，分明又是小小的天目湖，只不过里面除了有鱼，还滚煮着豆腐、粉丝、蔬菜，姑且视为水草。食客纷纷成了艄公，把筷子伸进砂锅里去划桨。店家会做广告，把天目湖称作“江南最后一片净水”，说正因为水土好，本地生长的胖头鲢滋味远胜别处。况且，煮鱼汤不能用自来水，还就必须用天目湖新提上来的湖水。莫非就是所谓的鱼水之情？

天目湖砂锅鱼头成了江南名吃，周围省市都有仿制。酒楼打出天目湖的金字招牌，生意果然不错。为了向顾客证明货真价实，老板都会亲自去溧阳进货的，点名要天目湖里的胖头鲢。同时还顺便押运一水车的湖水回来，以保证鱼汤的质量。看来无论顾客还是老板，都变得有点迷信了。

天目湖真厉害，不仅卖鱼，还兼而卖水。湖水都值钱了。

砂锅鱼头坐镇在桌子中央，酒席的气氛顿显粗犷。我连喝三碗，意犹未尽。就差拍案叫绝：好鱼啊，好水啊。南京的朋友见了，说起笑话：“天目湖，就这么大一片水，养的鱼再多，也经不起南来北往这么多人吃呀。别的不说，

每个周末，光从南京赶来的游客就有多少哟。天目湖里的胖头鲢快被吃没了，急了，反而倒过来向南京等地的水产市场进货。所以，许多南京人拖家带口、风尘仆仆前来溧阳，吃到的胖头鲢，其实是刚从南京运过来的。顶多刚在天目湖里游了几圈。要早知道，就在当地点这道菜该有多好。白白浪费了那些汽油钱……”

这个笑话，差点把我给噎住了。虽说是笑话，也极有可能是真的。天目湖砂锅鱼头，也有了冒牌货。而且是它的原产地，不得已假冒的！中国人，什么新鲜吃什么，一窝蜂地拥上去，直到吃光了、吃垮了、吃臭了才罢手。看来天目湖的胖头鲢，也难逃此劫。那么多赶时髦的人、好热闹的人、盲从的人，都来吃大户，谁受得了?

问题在于，我也是他们中的一个。中国人的劣根性，我身上都有。要想批评别人，首先得自我批评。瞧我刚才，吃惊之余，还阿Q般地沾沾自喜呢：天目湖砂锅鱼头，即使鱼是假冒的，水总该是真的吧；我就不信溧阳人，做鱼汤，连本地的湖水都舍不得用！水好是不容怀疑的，用天目湖的水，做什么样的鱼都好吃。索性把砂锅鱼头改叫砂锅湖水算了，以示童叟无欺。

黄果树下涮火锅

馋鬼看风景，也能看出色香味。正如色鬼看美人，想到的是秀色可餐。同样的风景，温饱时看和饥寒时看，绝对有不同的体会，会是两种风景。或者说，看风景的，简直是像两个人。

自贵阳驱车去看黄果树瀑布，抵达的时候，已经中午。隐隐听见峡谷深处传出轰隆的水声，腹中居然作出回应——轻微的响动。哦，肚子饿了。司机问先吃中饭还是先看瀑布？想到还未一睹瀑布尊容就大吃二喝，似乎不太恭敬，就让司机继续往山里走。当流金泻玉的瀑布像拦路打劫的巨人闪现在眼前，我连忙摇下车窗，张大了嘴巴，傻傻地看。估计同行的其他诗人都是一样的表情。黄果树，你使我们看傻了。

唯有司机不写诗。正因为此，他对黄果树没有什么感觉，对诗人却很好奇。他捅了捅我，问："你说这瀑布像什么？"仿佛在做智力测验，考考诗人究竟有怎样超常的想象力。这一问不要紧，把我的思绪一下子拉回现实。又有了饥肠辘辘的感觉。看来风景只能喂饱我的眼睛，喂不饱我的肚子。喝西北风又能写出什么好诗？我绞尽脑汁想了一番，也只想出一个拙劣的比喻：黄果树瀑布，正在下面条；你瞧，挂在悬崖上的无数道水流，怎么看都像是正在下锅的一把挂面。

这个比喻的失败，就在于太写实了。虽然未落俗套，但本身显得过于俗气。可见我当时确实饿了，面对伟大的黄果树瀑布，居然产生如此形而下的联想。饥饿使我比任何时候更强烈地意识到自身不过是一具肉体凡胎，甚至无法产生空灵一些的幻觉。这哪像在赞美黄果树呀，能不算亵渎就不错了。

我随口吟出的诗句把司机逗乐了。他心里准在想：这样的诗谁不能写个十首八首呀。他好像还看出我的心思；“得，咱们还是先找个地方撮一顿吧。”很明显，他知道对饥饿的人来说，一碗清汤挂面，也比徒具其表的黄果树瀑布更有诱惑力。后者跟前者相比，毕竟显得有些假大空了，太像文学里所谓的“宏大叙事”。

司机领路，在瀑布对面的山脊上，找到一家小饭馆。把八仙桌抬到门前的空地上，架起火锅，可以边涮边看瀑布，直视无碍。我们眼前仿佛正在放映一部立体声的露天电影，而且是宽银幕的。看着看着，这几个围桌聚饮的看客，也快要融化进画面里了，成为电影中的人物。说实话，我们还是很愿意给气宇轩昂的黄果树当配角的，只担心自己不够资格。

火锅里煮着酸菜鱼，酸菜绿得像苔藓，鱼在沸腾的水面只露出硕大的头和尾。不知这条鱼是否从瀑布下的深潭里现捉的？味道实在鲜美。来贵州，怎能不喝茅台？大家你一杯我一杯地喝着，以酸菜鱼下酒。酒的香味，鱼的腥味，弥漫在舌尖。刚才确实太饿了，当一条几斤重的鱼被扫荡得只剩下骨架，有人才意识到自己的失礼：第一杯酒，原本应该敬黄果树瀑布的！！每人自罚三杯吧，又找到一条喝酒的理由。大家欣然响应，纷纷往空杯中斟上茅台，象征性地向对面的瀑布举了举。然后递向各自的嘴唇，吱的一声——哪像在喝酒呀，分明在跟酒杯接吻。

黄果树瀑布，也让我亲一下吧。

接着往火锅里涮粉丝，涮蔬

菜。鱼汤妙不可言，涮什么都好吃。我喝得有点飘，眼神也朦胧了。差点伸直胳膊，伸长筷子，把对面悬崖上雪白的瀑布，当作粉丝夹过来，涮进火锅里。

我可想尝尝黄果树瀑布，究竟什么滋味了。

其实今天最好的下酒菜，不是酸菜鱼，不是鱼腥草，不是萝卜青菜，也不是粉丝，而是像粉丝一样洁白、光滑的黄果树瀑布。其实今天，我们一直在拿风景下酒。喝茅台，没有好风景陪衬，简直算浪费了。而面对黄果树瀑布喝茅台，应该算是最佳组合。这一趟贵州之行，真值！

店主见连开了两瓶茅台，怕几位客人不胜酒力，又往鱼汤里下了一大把挂面，嘱咐我们吃点主食。见面条下进火锅，我冲司机笑了：这面条可是我点的，我在开饭前就跟你说起过，你还记得吗？来，大家一起用吧，就当我请客！

是啊，多少游客曾对黄果树瀑布浮想联翩，恐怕只有我一个人，把它混淆为一碗清汤挂面。这比喻纵然不美，毕竟够“另类”的。我看见了一个另类的黄果树。

酒喝得太猛。我们中的一位北方诗人，被南方的茅台灌醉了。他刚刚从八仙桌边站起身，就吐了。对面，黄果树瀑布在吐；这边，某诗人在吐。一大一小的两个醉汉！隔着一道窄窄的峡谷，互诉衷肠。

事毕，这位诗人抬起头来，擦擦嘴巴，自我解嘲：我也算制造了一次最小型的瀑布，就当它是黄果树瀑布的微缩版吧。

嘿，超级模仿秀，模仿得还挺像。

每个喝醉的人，都曾经制造过属于自己的黄果树瀑布。能在黄果树面前制造瀑布的人，即使有班门弄斧之嫌，但确实够有勇气的。

那天，我其实看见了同时呈现的两个黄果树瀑布。

我也挺想像黄果树瀑布那样大醉一场。

瞧，黄果树，到现在还没醒过来呢。它还在醉，还在吐……

它一醉就是千年。

寻找北京菜

很难吃到正宗的北京菜了。甚至北京菜这个概念都很模糊。能够被人们想起的也只有满汉全席之类了——但那毕竟是旧时代的北京菜，对于今天而言接近于传奇。据说王公卿相大宴宾客，满汉全席包罗万象，山珍海味应有尽有，堪称最隆重豪华的礼遇。而乾隆皇帝下江南，一套完整的满汉全席包括三百种菜肴，纵然大多数都浅尝辄止，也足足吃了三天。仅仅如此想象一番，也会把人给噎住了：真是暴殄天物啊！满汉全席过于宫廷化了。我一直在想，平民化的北京菜该是什么滋味？或者说：那时候的百姓人家在吃些什么？估计也不全是腌菜窝头炸酱面吧。

我移居北京多年，对北京菜依然一知半解，不能说不是一种遗憾。这些年来，川菜、粤菜、齐鲁菜、东北菜都分别红火过，最近又有上海本帮菜远道而来，令人刮目相看，但怪哉，即使行在北京街头，也很难找到一两家以老北京菜自我标榜的餐馆。这是否应验了远香近臭的道理，或者是我孤陋寡闻？

有一次开会，京城报人何东发言，天马行空地由办杂志说到了开餐馆，都在于“酒香不怕巷子深”，这样才有回头客。他举了个例子：美术馆对面的胡同里有家专门卖北京菜的悦宾菜馆，门面朴素简陋，但菜做得实在地道；一传十，十传百，现在北京的许多大款不爱去五星级饭店了（那里面的菜过于程式化），反而大老远开车去投奔“悦宾”，所以那里总是座无虚席——这就是货真价实的“名牌”……

那次会议讨论的什么，我全忘掉了。唯独记住了何东的一席话。尤其记住了“座无虚席”这个词——该算是对一家餐馆最好也是最有说服力的形容了。

恰好数日后有朋友来访，我蓦然想到被何东津津乐道的“悦宾”。我的住所离美术馆只有半站地，便邀朋友步行前往。临街的胡同口挂有一幅灯牌，只简单地写有“悦宾”两字（就像真正的大明星的名片，不需要附注任何头衔）。拐进去几十步，才看见一幢低矮的平房餐馆，如不留神，简直与老北京民居无异。推开门才发现热闹非凡：狭小的空间密密匝匝地摆满餐桌，又坐满食客，没有单间，没有雅座，就这么直统统的一间大房子，墙上甚至连任何装饰物（譬如年画）都没有；厨房什么的在后院。老板亲自坐在墙脚摆凉菜的玻璃柜台后面，笑眯眯地记账、抽烟，看大伙吃饭，局外人一样超脱。

我们是在过道上站着等别人退席才入座的。服务员递过菜谱，我读了一遍，相当一部分菜名很陌生。据服务员介绍这大多是该店的特色菜，手艺不外传，在其他店里吃不到的。我挑生僻的点了四菜一汤。那顿饭把我吃的，无话可说了。

我至今仍记得第一次在“悦宾”就餐的食谱，以及当时的口味。不妨简单描述一下。五丝桶，用肉丝、粉丝、葱丝等做馅，裹上鸡蛋皮成桶状，油煎得香脆焦熟，蘸甜面酱，夹小葱，包进巴掌大的薄饼里食用（类似于烤鸭的吃法）。扒白菜，将大白菜心切成条状，加油面筋烩制，极其爽朗。锅烧鸭，不知道怎么做的，我只能顾名思义，这道菜别有一番滋味，只可意会，无以言传。唯独那道汤较平常：冬瓜丸子砂锅，但肉丸子细腻得简直入口即化，在舌头上还没来得及打个滚呢。

“悦宾”的功夫由此可见一斑，在“悦宾”吃饭不在乎形式，重在内容。老板和服务员话都不多，厨师更是永远躲在灶房里（我至今也不知道他的模样），完全靠端上来的一道道菜说服你。生意如此之好的餐馆，却连个像样的洗手间都没有，角落有一个带洗脸盆的自来水龙头，墙钉上挂两块漂白的毛巾，我甚至注意到皂盒里搁的不是香皂，而是普通老百姓洗衣服的那种黄肥皂。这是个最好的例子。虽属细节，却意味深长。听说老板的祖辈新中国成立前就是开菜馆的，隐秘地传下不少绝活；和老板套话，他对此总是守口如瓶。虽然每天都食客盈门，老板的表情一向很平静，从未得意扬扬。他只觉得自己是开菜馆的，纵然名声在外，并没有什么趁势将菜馆扩建的打算。开这么一间烟熏火燎的小铺子，他已经很满足。

在这么一间烟熏火燎的小铺子里，不乏西装革履、腰缠万贯的客人。我经常还碰见几位金发碧眼的“老外”（估计刚从美术馆看完画出来）。他们也有缘品尝到正宗的北京菜，品尝到老北京的滋味。我和“悦宾”同样是有缘分的：它毕竟离我的住所只有半站路，步行十分钟就可一饱口福。每有朋友来访，我习惯了领他们见识“悦宾”，同时不厌其烦地把何东的话重复一遍。不像是去吃饭，倒像参观什么名胜。“悦宾”也怪，门上用红漆写着打烊时间：每晚八点。我有几次去得稍晚点，老板总一脸歉意地说“已封火了”。一开始我没注意，后来才明白过来：北京土话的所谓“封火”就是封炉子，封了炉子自然无法再炒菜了。我这才知道“悦宾”炒菜不是用煤气罐，而是用烧煤饼的灶或烧蜂窝煤的炉子。社会已发展到甚至连家庭都普遍使用煤气的地步，“悦宾”作为一家餐馆却坚持烧煤炉，是否太落后于时代了？

或许这正是“悦宾”的魅力之所在：故意比时代慢半个节拍。或许，正宗的老北京菜就是要在煤炉上烧，才能获得那最地道的滋味（无论对于厨师抑或食客而言）。正如茶道最讲究的除了茶叶之外就是水，历代《茶经》里都注明泉水最佳，井水次之，万不得已才用江河水（更别提现代工业社会漂白粉味的自来水了）。甚至还有以陶钵承接从天而降的雨水雪水抑或芭蕉叶上凝聚的点滴露水，在红泥小火炉上烹煮沏茶的痴迷者。这是否和“悦宾”坚持用煤炉炒菜属于同样的情况?

当然，或许这一切，都仅仅出于某种心理感觉，或心理作用。

每次走出“悦宾”，我总想写一篇文章，但迟迟未动笔：怕被误解为替人做广告。实际上我在“悦宾”未像孔乙己那样赊过账，并不欠老板的人情。更为犹豫的原因是能否把这篇文章写好，否则太辜负这家平民餐馆里令人念念不忘的老北京菜的滋味了。文中的溢美之词，完全因为美食引起。“悦宾”因为有美食才有美谈。

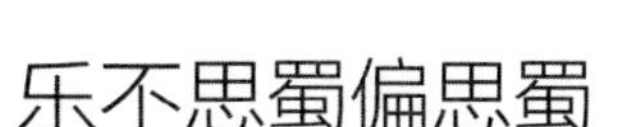

乐不思蜀偏思蜀

看吴宇森大片《赤壁》那段时间，诗人沧桑邀我去劲松桥东南的蜀国演义酒楼小酌。青梅煮酒论英雄，快哉，现代人也很渴望这番古典豪情。而蜀国演义的店名恰恰提供了对“大江东去，浪淘尽，千古风流人物”的无穷想象。

沧桑作东，递过菜单让我随便点。菜谱印制得很精美，如同图文并茂的导游手册，以寻找原生态美食为口号，记载了该店大厨们去三国演义故地一路寻访的特色土菜。

譬如第一站四川的阿坝州野味，首当其冲的康巴干锅牛脆骨、马尔康羊杂，使蛮荒之气扑面而来。还有川东老菜新吃，如酥骨醋鱼，以及以腌黄瓜皮炒五花肉为代表的自贡盐帮菜……

第二站为鄂北，恐怕为了在千年后弥补关羽“大意失荆州”的遗憾，隆重推出“荆州鲜”系列，这桌荆楚风味的原生态鱼宴，油炸刁小鱼、石锅青椒焖甲鱼很抢眼，另外还有荆楚秘制野生龟，不知用的什么秘方，很有点神秘感。

第三、四、五站依次是湘西、贵州、云南。

光是这菜谱，就让人眼花缭乱，仿佛一次精神上的自助旅行。还未品尝，我就算明白了这家酒楼的经营策略：将饮食与旅游嫁接，用美食来演绎三国演义——是三国演义的演义。

我也算一个自封的“美食家”，这菜可怎么点呢？哪样都让人舍不得，可如果照单全上，别看沧桑现在羽扇纶巾，雄姿英发，埋单的时候非像周瑜一样大吐血不可。

蜀国演义的每道菜后面似乎都有湖光山色作为背景，点菜，简直比指点江山还要难。

头一回，在餐馆里点菜我要请服务生推荐了。他说来本店一定要吃双味鱼头，如果你对三国演义有兴趣，最好点一道鄂北风干鸡海带汤，这源于三国时期的风干鸡，是刘备妻子孙尚香腌制发明……

这服务员兴致勃勃地讲解，快变成说书的了。我跟他开玩笑：我刚刚在电影院里碰见孙尚香，是赵薇演的。

再瞧了瞧菜谱，我又加了一道腊味炒风吹泥蒿，在别的店里很难见到的南方野菜。

双味鱼头端上来，显示出大厨颇具匠心。一只大鱼头剖成两半，横陈在特制的有隔断的圆瓷盘里，这一半上盖满红色的剁椒，另一半盖满绿色的泡椒，颇有差异，我想起李白出巴蜀，投荆楚时写的诗：“朝发白帝彩云间，千里江陵一日还。”轻舟一叶，是拿筷子来撑篙吧？

又喝了一碗鄂北风干鸡海带汤，不知是否沾了孙尚香这个名字的香气，风干鸡真够香的。并不为了讨店家的欢心，我真心地想说：没尝过风干鸡的滋味，简直算白活了。虽然这听起来还是很夸张。但你如果亲口尝过，也会产生和我类似的想法。不信？就试一试吧。

我还想说：在蜀国演义，我有点乐不思蜀了。同样没好意思说出口。越是真心话，有时候说起来越是难为情。并不是怕别人不相信，而是有点舍不得把自个儿的感受与别人分享。

新街口的新川面馆

客居北京沙滩，靠故宫后门，有一段时间坚持利用星期天去白石桥的北图读书，骑自行车总要经过新街口。那是个很热闹的老式丁字路口，坐东朝西有一家装潢极朴素的新川面馆，以售四川风味的担担面为主，涨价后也只三块钱一碗。所以生意兴隆，座无虚席，还有去晚的顾客手托海碗站着吃的。站着，等于在给店主做广告，但也另有一番滋味与风度。我第一次吃，咂咂嘴，觉得很正宗。以后每路过，总想进去挤在人群里吃一碗。哪怕站着。这面条怎么做的？“新川”的老板真厉害，把平淡的面条做成了诱惑。至少，它诱惑过我。

只要想起新街口，首先会记得那家小得快给高楼华厦挤没了的平民化老面馆——在我心目中恐怕已构成新街口的标志。

“新川”除了担担面，还卖红烧肉面、回锅肉面（都是五块钱一碗）。其实都是事先做好的一盆盆浇头，舀一勺盖在面条上。虽是大锅菜，却极其鲜美。尤其回锅肉，是辣的，很明显出自川厨之手，肥而不腻。我曾想象过在“新川”吃完面后，再单买一饭盒浇头，回家搁在冰箱里，写作时饿了，给自己下一碗盖浇面。可惜一直没好意思开口，怕遭到店家的拒绝吧？

真那么做了，肯定比泡“康师傅”吃得舒服。

我常常遗憾：若是家门口就开有这么一家面馆，多好啊，轻而易举地解决了单身汉的伙食问题。或者，若是我恰巧住在“新川”的邻近之地，多好啊。

每个周末，风雨无阻地蹬起自行车，长途跋涉，穿过一盏盏红绿灯，我都说不清：是想去北图读书呢，还是想去“新川”吃面？骆驼祥子泡茶馆，我爱泡的是图书馆——说到底不过为吃一碗诱人的面条找一个冠冕堂皇的借口。读书解精神的馋，吃面解肉体的馋。我一举两得地饱了眼福与口福。

到了夏天，“新川”的凉面很受欢迎。也是搁许多花花绿绿的调料。

一进门的位置有曲尺形的玻璃柜台，服务员站在后面，收钱、找零，递给你一块圆铁片（像筹码），上面刻有不同品种面条的记号。拿着它，就可以去伙房的窗口端面条了。我往里瞟一眼，好大的一口铁锅，翻江倒海地煮出许多白花花的泡沫，伙计正把一箩筐的切面倒进去……

玻璃柜台里，摆放着一小碟一小碟切成薄片的酱肘花、卤牛肉、鸡胗鸭肝，还有茶叶蛋、拌腐竹、拍黄瓜之类凉菜，像磁铁一样吸引着我的目光。可惜，我那段时间刚来北京创业，还很清贫，舍不得点。虽然很馋，但比较容易满足，觉得吃一碗五块钱的红烧肉面已算“打牙祭”了。

现在想想，那些令我浮想联翩的冷盘肉食，也挺便宜的。真的“豁出去”吃一回，又能怎么样呢？不至于倾家荡产啊。可在当时，这些让我心痒难耐的“鸟玩意儿”，居然难倒了英雄汉。我终究不曾“豁出去”，有时挺后悔的。再有钱，也买不回当年的馋了。

也幸亏没尝，它们在我想象中，一直保持着活色生香的诱惑。用鲁迅的话（大意）来说，让这些遥远的食物，蛊惑我们一辈子吧。

自新街口往南走，西四一带，有延吉冷面馆。天热时，我也去里面吃过酸香可口的朝鲜冷面。某次回南京，跟当时还在《钟山》杂志社上班的苏童聊天。他说起就读于北京师范大学时，喜欢去西四的延吉冷面馆“改善伙食”。这一下子就拉近了两个人的距离。我们开始回味穷书生的美食。延吉的朝鲜冷面，也是一种诱惑。我可以作证：它诱惑过成名前的小说家苏童。没准，现在也还在继续诱惑吧？

昨天，去西单图书大厦，在马路对面某商贸中心地下一层的美食排档，看见其中一家的字号叫“面爱面”，忍不住走了进去。可能是日本风味的，16 块钱一大碗，浇头与作料还算丰盛。但一想起十年前“新川”的红烧肉面，顿时觉得面前的这碗“面爱面”真够“面”的，滋味差得远了，辜负了“面爱面”这个好名字！同样是面条，要让人真爱上了，并不容易。

三里屯的酒吧

A

我在三里屯度过多少个夜晚？无法统计了，我记住的永远只是离我最近的一个——或许就是昨夜。

幸福花园酒吧坐落在较偏僻的胡同里，推门而入，一股热浪扑面而来（用个通俗的比喻）。我一下子又看见了那么多张熟悉的老面孔，像葵花向太阳一样转向了我。但我并不感到骄傲。

我知道，这幅欣喜的场面会为每位新来的客人而出现。室内的光线仿佛更亮了一点。

我赶赴的是老乡陈永春的约会，他招呼我坐下，给我介绍新朋友——来自福建的女画家小蝉，看来今天的主题将由诗歌转向绘画了。方文正跟她聊天呢，扮出一股对花鸟画很内行的样子（小蝉是画花鸟的）。见其谈锋甚健，我只好跟永春频频碰杯，顺便看一眼女画家美丽的脸——作为下酒菜。这样的喝法倒也不错：美酒佳人全有了。

邻桌坐着艾丹、龙冬、张弛等人。每次看见艾丹，我总会联想：艾青怎么有这么个络腮胡子、像大货司机一样粗犷的儿子？幸好艾丹的小说写得很细腻，隐约可见诗人的遗传。张弛转移战场，到我们这桌坐下了，却拒绝干杯——他端着的杯子里盛的是牛奶。他神秘兮兮地透露："戒酒了，改喝奶了。"这几年来，他的胃早已经在酒吧里泡坏了。就像他写的畅销小说的书名所云："北京病人。"胃病已成了这一帮酒徒的流行病。

酒吧是个新时代的大染缸，泡坏了我们的胃，还泡坏了我们的心。心太软，几乎承受不了生命之轻。

有人跟张弛开玩笑："张弛现在真行啊，吃的是草，喝的是奶。"张弛连忙更正："喝的是奶，挤的还是奶。"嘿，整个一哺乳动物。

接着走进酒吧的，是两位写小说的女明星：尹丽川和阿美。尹丽川估计学过表演，浓妆艳抹，叼着烟卷——颇像电影里的女特务。她游刃有余地来往于几个酒桌之间，边吐着烟圈边和各位熟人打招呼。当了 20 多年编辑的永春直咂嘴："新人类，真厉害！"

后来的情节变得模糊，因为我喝得有点多了。后来又有谁出场或离席，都跟我没什么关系了。我在酒吧里，似乎比别的地方更容易醉。每次都这样。每次站在三里屯的路口招手打车，我都会下意识地抬头望一望天。我看见了旋转的星空。但是它对于我一点也不陌生，因为它早已经在凡·高的绘画里出现过。

三里屯酒吧，有一点商业气息，有一点艺术气息。这是在北京城里调试出的一杯鸡尾酒。难怪有那么多人要披星戴月地赶赴三里屯呢——这是一个从不延误的公开的约会。大家不请自来，又不约而同，聚集在城市的壁炉边取暖。

假如你怕黑暗、怕寂寞抑或怕梦想，就去三里屯泡吧。带着你苦涩的胃、干瘪的心。我周围有一些朋友，几乎每天都会出现在这里——比上班还要准时。老板跟他们已熟稔如兄弟。他们属于猫头鹰一族。没谁逼着呀，可他们天天都要加夜班——莫非这里有他们精神上的工资等待领取？他们是北京城里最闲的忙人，最忙的闲人。三里屯，就是有这么大的吸引力。

每次歪歪倒倒地离去，我都想向三里屯告别：这是最后一次，再不能这么下去了——虚度光阴，浪掷青春。可第二天夜色阑珊，华灯初上，我就会感受到三里屯在远处呼唤我——于是就像铁屑一样，被磁铁吸纳而去。

我们是铁屑，但不是渣滓。

我们是灯蛾，但不是害虫。

同样，三里屯的魅力不在于酒精，而在于诗意。所以，它成了一批落伍的艺术家的收容所。在这里我们才能获得安全感与幸福感。

还有更好的去处吗？

我们只能永远地穿梭于书房与酒吧之间。

并且尽可能地省略两者之间的距离，乃至中途的记忆。

B

路过三里屯酒吧，隔着落地玻璃窗，能看见那些像标本一样静静地坐着的男男女女。姿态那么优雅，服饰那么鲜艳，仿佛在为全世界表演——表演自己的闲适与富有。

我并没有羡慕他们的富有，却羡慕他们的闲适。在喧嚣的都市里以及漫长的一生中，如果能那么静静地坐一会儿，该有多好。哪怕没有酒，没有背景音乐，没有伙伴。仅隔着一层玻璃，我和他们就像生活在两个世界。他们放慢了心跳，我却加快了步伐。这是典型的忙人对闲人的羡慕：他们在我眼中就像水族馆里的鱼，飘摇着裙裾，不时吐出几串散漫的气泡。我不敢贴在玻璃上看，怕他们发现我，发现我的羡慕。

如果仅仅偷偷地羡慕一会儿，也好。哪怕没有真正地享受那份轻松。我忍不住走进去了，为了体验另一个世界的神秘，这时我才发现，我被他们欺骗了——或者更确切地说，我被自己欺骗了。他们虽然三五成群地正襟危坐，可嘴唇在嚅动——原来他们并不是完全静止的，而是在聊天、调情、谈判甚至争吵。嘈杂的说话声把音乐都给破坏了。我之所以误以为酒吧里很安静，只是因为隔着一层玻璃。我被隔音玻璃欺骗了。我之所以误认为里面是一群度假的天使，只是因为没有注意到他们的口型。事实教育了我：永远只有一个世界，从来就没有第二种人。人间的酒吧，不可能比天堂更好，也不可能比地狱更糟。人与人之间所有的羡慕，终究会落空的。

三里屯酒吧，名不虚传。但绝不是隐士的宿营地。隐士若是来这儿沽酒，也会被浓郁的人间烟火吓跑的。那么我们该去哪里休闲呢？到哪里才能找到隐士的感觉？

北京的“南京人家”

我有一位朋友，遍访京城美食，这天给我打电话，说你非来不可，吃的是你们南京菜。按照他的指点，我来到朝外大街，果然看见那块“南京人家”的招牌。紧挨着的，居然是一家婚纱摄影店。我不是风水先生，但还是下意识地联想：瞧人家选的这位置，天天都有喜酒喝，既饱了口福又饱了眼福。

说实话，“南京人家”这四个字，还是把我的心弦拨动了一下。来自西安的朋友张楚，在北京写过几句颇经典的歌词：“一个长安人，走在长安街上……”而我作为南京人，想不到能在北京吃上南京菜。凭我移居此地十余年的记忆，还真是第一次遇见直接以南京做招牌的酒楼。严格地讲，南京菜跟已泛滥的淮扬菜或江浙菜还是有点区别的。它是精华的精华，沾染着浓得化不开的六朝金粉，既富贵又香艳。南京虽然不太流行穷极奢侈的满汉全席呀什么

的，但作为古都，它和北京还是“有一拼”的；秦淮小吃，小则小矣，但向来擅长四两拨千斤，毕竟，它哺育过莫愁女、李香君（秦淮八艳的代表）乃至金陵十二钗之类。南京的美食，很典型地适合美人的口味。当然，即使你是英雄，恐怕也不会拒绝做一两回温香软玉的金陵春梦。

作为南京人，我还是很为自己的故乡感到骄傲的，无论它的历史、它的人文，还是它的饮食。那是一个可以活得很精致、很放松的地方。美景、美人、美食，占全了。还没有听谁说去过南京而后悔的。但愿坐落于北京朝阳门外的“南京人家”，也能做到这一点。毕竟，北京的物质生活，粗线条、硬线条较多，有必要增补点曲线或弧线之美。真正的好钢，应该做到绕指柔的。

走进去，一桌朋友已坐在园林式的包厢等我：老板也是南京人，过来打招呼。我对乡音的态度一般（没有“两眼泪汪汪”之感触），倒是摆好的一碟碟凉菜使我顿起鲈莼之思：马兰头拌香干、香米藕、地皮菜、母枸头、菊花脑、荠菜……假如说在北京吃南京菜已够让我惊喜，万万没想到的是能邂逅品种如此之多的故乡的野菜。我印象中，在周作人的时代，江南的野菜就是娇生惯养的，对北方水土不服；可今天，它们怎么也跟我一样，出现在千里之外？老板赶紧解释：这可是每天从南京长途托运来的。

我一直觉得，所谓的金陵春梦，是靠这些以前在别处很难吃到的野菜烘托的。野菜在南京，不仅不显得贫贱反而是极富于特征的花边，地位一直很高的。南京人，恐怕是最早从骨子里理解“绿色食品”这个概念的。且不说某些野菜绝对属于南京特产，即使同样的品种，别处长的跟南京长的在滋味上也会相差甚远；追究其根底，我们只能说是因为南京的水土好了。不仅植物如此，人也一样，明清时就有一种说法：在南京连菜佣酒保都有六朝烟水气。我想这种烟水气深深地浸润了野菜的灵魂，抑或人的灵魂。

李时珍是哪儿人以及他的《本草纲目》在哪儿写的，我一下子记不起来了。但大诗人袁枚的《随园食单》，确实是在南京写的。南京的野菜，使他的心格外狂野。

等到一道芦蒿炒臭干端上来，我夹了一筷子，细细地咀嚼，半天说不出话来。唉，我真正咀嚼出了长江水的味道。这种水生植物，偏偏只能在长江流经南京的那一段水面滋长。你可以说它的根是很轻浮的，但也是很顽固的。我不也是如此吗？纵然尝遍东西南北种种菜系，可还没觉得什么比我故乡的食物更为可口、可心、可意的。我相信直到今夜，我精神上的根须依然潜伏于长江下游，不能自拔。

曹雪芹是北京人，但他幼年在南京汉府街一带的江南织造署生活过。我怀疑他写于香山脚下的《红楼梦》，其实是以南京的那一段钟鸣鼎食的日子为背景的。他在北京的青年时代是很落魄的。但这并不妨碍他蜷缩于西郊黄叶村的农舍，重温遥远的金陵春梦。否则他干吗要把自己暗恋的女孩子们命名为“金陵十二钗”呢？《红楼梦》既是一部人情之书，同时也算一部美食之书。那里面所描述的螃蟹诗会及诸多佳肴，带有浓郁的江南风味，我希望那是某位南京厨子的手艺，给曹雪芹留下的永难磨灭的记忆。

且不探讨曹雪芹梦中的大观园究竟是在南京还是北京，应该祝愿我老乡开的“南京人家”，能成为北京城里一座美食大观园——这倒是真的。说白了，只要有了美景、美人、美食，哪儿都可以算作大观园。我不妨喝完美酒（正宗的花雕）之后，就此写一篇“美文”，从感情上来说也算是“埋单”了。

北京街头的韩国餐馆

北京是一座集饮食文化之大成的国际化都市，继欧风美雨之后，悄然登陆的韩国餐馆（以烧烤为特色）如雨后春笋般在街头巷尾涌现。跟朋友去吃韩国烧烤，朋友手指临街的落地玻璃窗上用彩纸剪贴的一行大字——“身土不二”，问道：“我见过不少韩国餐馆的橱窗上都写有这句话，不知是什么意思？”我无法解答，于是凭空猜测：肯定不是特色菜名，也不像招徕顾客的广告词，倒近似于一句有典故的成语、一条有警示意味的标语，经营者以此清心明志，同时给来往的人群以善意的提醒……

这谜一样的四个字使我浮想联翩。身土不二，仅仅从字面上理解，似乎揭示了人类自身与其依托的土地之间不可分割的关系。土地孕育了我们的身体，同时也给予了我们灵魂——人类对故土的依赖与眷念，不见得比植物淡薄。尤其对于身若浮萍的游子而言，故乡的泥土在精神上甚至比黄金还要宝贵——那里面维系着我们生命中看不见的根。我们的血统、性格以及品质，几乎无不受到故乡抑或过去的生活深深的影响。这是我们最无法背叛的事物与信仰。选择遗忘（中国有句俗语叫“忘本”）就等于背叛记忆，做记忆的叛徒是可耻的。

从此我每路过风格独特的韩国餐馆便加倍留心，查找它们的门窗上是否写有“身土不二”的字样。我也曾向偶遇的韩国学生打听。说法不一。但大多接近于我的猜测。虽然未能寻找到最精确、最有依据的答案，但我坚信自己理解了它所寄托的涵义。这个耐人寻味的谜语使我感应到一种深不可测的文化传统，我联想到中国的“饮水思源”之类的座右铭。韩国人不远万里来到北京开餐馆，为谋生而忙碌，但内心依然供奉着古老的信条对故土的思念，对故国的膜拜。这本身就是他们的尊严。我对北京城里的韩国餐馆印象一直很好，记得离我寓所不远的五四大街曾有一座较著名的“三千里”酒家，里面的服务员都是穿着鲜艳的民族服装的韩国女孩，我几年前多次在那里招待远道而来的老家亲戚。只是那时候我没有注意橱窗上是否写有“身土不二”字样，现在想去查验也来不及了：它的门面已改为生意兴隆的“四合装饰城”了。每路过那幢雕栏玉砌的小楼，我总有一丝怅然：那些精于烹饪的韩国人去哪儿了？还继续开餐馆吗？莫非因为乡情催促而动身回国了？对于他们，北京再好，也毕竟是异乡，难免水土不服，而故国的炊烟每时每刻都会安慰着、呼唤着远方的游子……哦，天人合一，身土不二！

依稀记得张明敏曾唱过一首《故乡的泥土》：“听说你将远渡重洋，到国外开创锦绣前途。送你一把故乡的泥土……这把泥土，春雷打过，野火烧过，杜鹃花层层飘落过，……你我曾经牵手走过。”这证明了人对泥土的感情——它简直跟我们的血肉融汇在一起，构成我们幸福抑或忧愁的原因。像台湾诗人郑愁予所抒发的：“一把黄土，塑成千万个你我，动脉是长江，静脉是黄河，五千年的文明是生生不息的脉搏，提醒你，提醒我，——我们拥有一个共同的名字叫中国。”可见乡愁与乡恋是这座星球上所有游子普遍的感情，超越语言、文字、血统抑或肤色的隔阂。不管是黄土地、红土地、黑土地，都遗传着祖祖辈辈、世世代代播种、耕耘以及收获的“叶落归根”、“身土不二”的朴素真理。难怪许多游子远走天涯、背井离乡之际，都要怀揣一小袋故园滚烫的泥土——作为灵魂的守护，作为精神最原始的资本。乡土里包容着往事的缩影。望乡的迷惘折磨着游子的眼神。即使生命会像日落后的石头一样逐渐冷却，可供奉在心灵殿堂至高无上位置的一捧热土，却余温尚存。“为什么我的眼里常含着泪水？因为我对这土地爱得深沉。”这是艾青献给土地的颂歌，诗人还抒发了不朽的情愫：“假如我是一只鸟，我也应该用嘶哑的喉咙歌唱：这被暴风雨所打击着的土地……然后我死了，连羽毛也腐烂在土地里面。”我相信，每个民族、每个国度都流传着类似的对土地的情歌——虽然土地本身是沉默的，在人类的记忆与现实中紧抿住坚强的嘴唇。

我仿佛看见，成千上万的游子像这个世界的候鸟一样，在梦境中，在想象中，在自己的航线上飞行，无论秋去春来，花开花落，都努力向故乡的面影靠拢。他们在一种永远的训诫里不知疲倦地飞行，经历了高山、河流、车站、码头、楼群乃至猎枪的反光，寻找早年的空巢。叶落归根，抑或“羽毛腐烂在土地里面”，也是一生中所期待的最后的幸福。

身土不二，灵魂与土地相厮守，如同骨肉交融。上帝赋予他们一对无形的翅膀——是为了流浪的，然而更是为了回归。他们永远渴望着在故乡的嘴唇上靠岸。应该说这是一种精神了——而且是人类最伟大的精神之一。不仅仅出自生命的本能，更是一种高贵的信仰。

内蒙古草原的酒

如果你不曾在草原的蒙古包里喝过酒，那就等于没来过内蒙古。我们去伊克昭盟（即鄂尔多斯市的旧称）一位牧民家中做客，在烧着暖炕、铺着波斯地毯的蒙古包里盘腿坐下，面前的炕桌上已摆满了烤羊腿、手扒肉、奶酪，还有久闻大名的喷香的奶茶。当主人听向导说我们一行都是来自内地的诗人时，表现出极浓的兴趣："我最欢迎你们这样的客人了——能喝酒，会唱歌。大家一醉方休。"或许在他心目中，诗人都是能喝酒会唱歌的。若从这个意义上理解，每位蒙古族人都是诗人，他们过着诗情画意且富于原始美感的生活。主人的女儿穿着镶金边的民族服装，手端银碗挨个给宾客敬酒，每敬一次酒都会先给你唱一首民间谣曲——而作为回报，你必须把她递来的酒一饮而尽。蒙古族的姑娘有一种落落大方的美感——即使女性的歌喉，也有响遏云天的效果。坐在蒙古包里听她唱民歌，我脑海里浮现着烈马、鹰、敖包等草原上典型的景物。她给我唱的是《阿尔斯棱的眼睛》，第二轮时又唱了《黑丝绒的坎肩》——我特意记下这两个歌名。只遗憾未带录音机来，录下蒙古族姑娘遥远且缥缈的神曲。这是离神最近的地方了，这也是离神最近的心灵与歌声。更遗憾的是我们这些所谓诗人的声带都退化了，只能回敬几首患了软骨症般的港台歌曲——跟蒙古族传统的民歌相比，近似于无病呻吟。向导请求主人给每位宾客起一个蒙古语的名字留念，在座唯一的一位女诗人被命名为"齐齐格"（花的意思），而我获得的则是"查干朝鲁"——意为白色的石头。我想，我会珍惜这新的笔名——它毕竟是草原赋予的礼物。我的血液里已融进蒙古土酒那炽烈且馥郁的滋味——这或许能为我今后的诗歌补充必要的钙质。走出蒙古包，星空都是低垂的，像一副镶嵌珍珠的黑丝绒坎肩无力地搭在我肩上。醉意已由脚踵上升到头顶——仿佛是由无限的大地源源不断提供的，这在我的血管中蔓延、膨胀的力量。我把舒婷《神女峰》的诗句——"与其在悬崖上展览千年，莫如在爱人肩头痛哭一晚"，改为"莫如在蒙古包里大醉一场"。醉啊醉，是在城市里很难真正达到的一种境界，而在这抛弃教条的非理性的草原上却能轻易地获得。

草原上的牧民善饮，根本不把酒当酒，而当作饮料。跟咱们城里人喝可乐似的。我从呼和浩特一直走到鄂尔多斯，从没见到哪户人家端出汉族的那种小酒杯；都是用碗，大的海碗或稍小点的饭碗。看来在酒具方面他们是无法“汉化”的。看来酒是他们的“液体饭”。偶尔，也有怕我们这些中原来的客人不适应的，撤下了海碗，换上杯子，但这所谓的杯子也尽是玻璃大茶杯。而且必须一饮而尽，很少见谁慢条斯理地一小口一小口抿啊咂啊。在粗犷蛮野的蒙古包里，这样的慢动作也忒高雅忒做作了吧？哪像是喝酒，分明在“嗅蜜”嘛。牧民们习惯了将大碗酒一股脑儿灌进胃里（像存入酒囊），再慢慢回味。估计酒也是可以“反刍”的。草原上，没有酒仙，没有酒鬼，只有酒神。酒仙过于飘忽，酒鬼过于散漫，而酒神才是豪迈且尊严的。狂饮之后，眼前这些满面红光的游牧者都像是酒神的后裔，我不禁联想起诗人吉狄马加对自由的阐释：“我曾问过真正的智者，什么是自由？智者的回答总是来自典籍，我以为那就是自由的全部。有一天在那拉提草原，傍晚时分，我看见一匹马悠闲地走着，没有目的；一个喝醉了酒的哈萨克骑手，在马背上酣睡。是的，智者解释的是自由的含义，但谁能告诉我，在那拉提草原，这匹马和它的骑手，谁更自由呢？”酒是游牧者精神上的坐骑，是驰骋在血液里的烈马，帮助游牧者获得自由中的自由，全身心的自由。与其说游牧者爱马、爱酒，莫如说他们更爱自由。

草原上的下酒菜，至少有两种。其一是歌声，歌声虽然无形，却是酒的催化剂，使酒味更为醇厚、酒席更为热烈；酒助诗兴，而歌助酒兴。其二则是各种做法的牛羊肉。如果能在篝火上现烤全羊，绝对算得上盛宴了。篝火映亮半壁夜空，袅袅升起的羊肉香味，惹得低垂的星星都流口水了。（你瞧，确实有一颗流星像口涎一样淌下！）整座草原都屏住呼吸，做好了饱餐一顿的准备。无论主客，皆下意识地流露出食肉兽的兴奋。对于我来说，觉得这场面可比城里的烤羊肉串大气多了、刺激多了。当然，全羊也可以在大铁锅里用开水煮。汪曾祺向我描绘过在达茂旗（全称是“达尔罕茂明安联合旗”）

吃“羊贝子”（即全羊）的过程：“这是招待贵客才设的。整只的羊，在水里煮四十五分钟就上来了。吃羊贝子有一套规矩。全羊趴在一个大盘子里，羊蹄剁掉了，羊头切下来放在羊的颈部，先得由最尊贵的客人，用刀子切下两条一定部位的肉，斜十字搭在羊的脊背上，然后，羊头撤去，其他客人才能拿起刀来各选自己爱吃的部位片切了吃。我们同去的人中有的对羊贝子不敢领教。因为整只的羊才煮四十五分钟，有的地方一刀切下去，会沁出血来。本人则是‘照吃不误’。好吃么？好吃极了！鲜嫩无比，人间至味。”我吃“羊贝子”时也是如此，仿佛忘掉了自己漫长的在大都市生活的经历，那简直如同前世！新生命，从今夜开始。今夜我是属于草原的，今夜，草原是属于我的。在羊肉与酒的混合作用下，一个只养过宠物的城市人，也尽可以在梦中放牧草原上额外的羊群。去，把我的靴子和鞭子取来，把我的马鞍和缰绳取来，我要为自己的身体，换一个灵魂……

模仿成吉思汗的子孙，以手把肉下酒，比汉族的持螯赋诗（像曹操那样的酒后横槊赋诗者，毕竟少而又少），要有劲多了。不仅需要手劲儿，还需要心劲儿。成天拿着根蟹爪子浅斟低唱，显得太文弱，太寒酸了。来，赶紧攥一块羊骨头，壮壮胆，发发威——三碗不过冈哦，偏向虎山行哟！你会发现，“道具”换了，酒量倍增。与我同行的诗人阿坚，在日记里叙述当时的氛围：“大家猛吃奶皮、奶豆腐、奶茶、酸奶、‘额根’（酸奶油），直到被告知留着点肚子吃手把肉。两大脸盆手把肉端上来了，每盆里插着两三把刀子。为什么叫手把肉（也叫手扒肉），即是用手把着带骨羊肉，用刀割食或以手扒撕而食。手把肉中还有充填羊血的小肠，叫血肠；有充填羊肚和大米的大肠，叫米肠；有一分为四的羊肚。手把肉中分羊脖肉，肥瘦出层次，我认为是最好吃的部位；羊尾肉，肥而不腻并有嚼头，能咬出嘎吱嘎吱声；羊肋骨，羊排，以瘦为主；羊腿肉的块较大较整，适合饕餮。传统上这里吃手把肉一般蘸以盐末或盐水，现在条件好了，给我们拿上的料有塑料包装的蒜蓉辣酱、加葱花的酱油、香菜和醋。大家皆手抓而食，大多不擅用刀，而连扒带撕，嘴扯而食，手上不算，连腮帮上全油亮亮的。这羊两小时前还是活的，所以这肉最接近新鲜，并不膻腥——也许是因高原和草质的原因。这不是在饭馆吃名菜，而是在纯朴的大草原上模仿古蒙古人那种吃法，并且草原之秋令人胃口很好。所以大家兴致异常，半像吃，半像了解风俗史。”阿坚经常来草原自助旅行，我是第一次来。可阿坚每一次来，也都跟第一次来一样，一样的激动，一样的好奇，一样的新鲜。至于我，虽然初来乍到，却有似曾相识之感觉；估计眼前的蒙古包、牛羊圈、勒勒车、牛粪火堆、酒具食物乃至出神入化的歌声，曾经被远方一无所知的我梦见过。我梦见过的事情终于变成了现实。而蒙古酒，又带来新的梦，帮助我再次超越现实，回到成吉思汗的那个时代，英雄的时代。大汗，今夜我是你麾下的一名哨兵，借助于酒这液体的烈马，在梦时醒着，在醒着做梦……我既在放牧自己的梦想，又在检阅草原——你那博大无垠的梦境。

出发之前，在北京的蒲黄榆，汪曾祺为我讲解草原风俗：“到了草原，进蒙古包作客，主人一般总要杀羊。蒙古人是非常好客的。进了蒙古包，不论识与不识，坐下来就可以吃喝。有人骑马在草原上漫游，身上只背了一只羊腿。到了一家，主人把这只羊腿解下来。客人吃喝一晚，第二天上路时，主人给客人换一只新鲜羊腿，背着。有人就这么走遍几个盟旗，回家，依然带着一只羊腿。蒙古人诚实，家里有什么，都端出来。客人醉饱，主人才高兴。你要是虚情假意地客气一番，他会生气的。”汪老认为这种风俗的形成和长期的游牧生活有关，“一家人住在大草原上，天苍苍，野茫茫，多见牛羊少见人，他们很盼望来一位远方的客人谈谈说说。”听他的描述，如听传奇。莫非共产主义早已在草原实现过？私底下猜测这种古风，在商品时代该已经演变乃至绝迹了。此次到草原深处走走，发现它依然保留着。蒙古包的门扉永远对旅行者敞开。我惭愧的是，连一只生羊腿都没有携带，肩上只挎了一台摄像机。可我依然有肉吃、有酒喝、有歌声陪伴。嘿，草原，你连门票都不收！

走遍内蒙古大草原，品尝了各种烹制方法的羊肉，唯独没见到涮羊肉。大概涮羊肉火锅城里才有吧。看来这是一个误会：在北京的时候，我还以为涮羊肉是草原饮食的真谛呢，还以为牧民开饭时家家户户都要点火锅呢。以前，我在北京城里，涮羊肉，来想象草原。今天，真的坐在蒙古包里了，我发现有的牧民喝白酒，喝的居然是北京生产的红星牌二锅头。没准，他们也在通过二锅头，来想象北京吧？酒，原本最容易发挥人的想象力。那就尽情地想象呗。如果缺乏想象，草原，早就枯了；草原上的人，早就麻木了。所以，我赞美草原上的酒肉与歌舞。

美食文化

吃的习俗，多多益善，流水般的日常生活增添了情调，无趣的日子变得有趣了。新鲜的食物，因为古老的习俗而沾染上几分历史感、文化味，乃至神圣性。即使在无神论者的国度，也需要信仰的。

流传千年鱼图腾

中国人的年夜饭，家家户户都要烧一条鱼供着，节日过后才吃。取“鱼”与“余”的谐音，象征着“年年有余”。这条鱼需完整，有头有尾，以表示做事要有始有终，才能功德圆满。全家人的心愿都寄托在这条鱼身上了：它已超越一般食物的概念，而成为幸福生活的标本。辞旧迎新之际，谁不希望家有余粮、家有余钱呢？谁不希望年年如此呢？由这个细节即可看出，中国人一直是一个生活在希望中的民族。它之所以有希望，仅仅在于它从不绝望；哪怕承受着苦难或贫困，也能跟一条象征主义的鱼相濡以沫，获得心理上的安慰。这就是它的希望所需要的最小本钱。而希望本身，却构成它最大的生命力。在几大古老文明中，似乎只有中华文明如鱼得水、年复一年地延续到今天，每一道年轮都清晰得像刻出来的。如果没有精神上的东西支撑着，很难保持这种周而复始、以不变应万变的秩序。

根据传统习俗，这条带有礼仪性质的鱼，最初用鲤鱼，后来才推而广之，用哪种鱼都可以。为什么鲤鱼是首选？因为中国人的信仰中，鲤鱼最吉利。《神农书》里有一“排行榜”：“鲤为鱼之主。”还有人说：“鲤鱼都是龙化。”黄河鲤鱼，习性逆流而上，一旦跃过位于今山西的龙门，就摇身变成龙了。当然，此乃中国人为鱼类所臆造的最优美的一个神话。连理智的孔子都信这个。特意将自己的儿子起名为“鲤”。能说他不是望子成龙吗？鲤鱼在中国，堪称鱼类的“形象大使”，年画上描绘的大多是鲤鱼，增添了喜庆的气氛。我个人认为：跃跃欲试跳龙门的鲤门，跟周游列国的孔子一样，可以构成古老黄河文明的图腾。所谓“狼图腾”，其实是舶来的，并非本土所有。符合中国人品性的，还是“鱼图腾”。道家始祖庄子《逍遥游》，开篇即说“北冥有鱼，其名为鲲”，根据其描述，此种神奇的鱼比当代的航空母舰还要大得多，而且能化身为高飞九万里的鹏鸟，绝对算壮志凌云。这跟鲤鱼跳龙门的传说异曲同工，只不过更为豪放。“鱼图腾”细化为“鲤鱼图腾”，就较接近后来占主流的儒家思想了：“达则兼济天下，穷则独善其身”。学而优则仕，历朝历代的科举制度，使“鲤鱼图腾”由梦想兑换为现实。龙门之上是官场。

“鱼图腾”，中国特色的“变形记”。不管老庄还是孔孟，本质上都属于精英文化。来自大众，又时刻准备着脱离大众，转而领导大众。“鱼图腾”的幕后，隐藏着的实则是“龙图腾”。中国人，不都自称龙的传人嘛。

鲤鱼之吉祥，还在于它见证了最早的“真龙天子”——黄帝。《河图》：“黄帝游于洛，见鲤鱼长三丈，青身无鳞，赤文成字。”据说鲤鱼额头有字，是鱼中的帝王，或龙的化身：“额上有真书王字者，名‘王字鲤’，此尤通神。”（见《清异录》）

中国的神话中，能化而为龙的，除了鱼之外，还有马。马也是“龙种”，正如鲤被封为“稚龙”（婴儿期的龙）。因鲤鱼有五色，古人还拿马来相比：“赤鲤为赤骥，青鲤为青马，黑鲤为黑驹，白鲤为

白骐，黄鲤为黄骓。”跳龙门的黄河鲤鱼，浑身火红，属于赤鲤，正处于“转型期”。

孔子所谓“食不厌精，脍不厌细”，“脍”当指生鱼片。中国人吃生鱼片（犹如今之三文鱼），很早的。切脍，越细越好，首先仍是鲤鱼。尤其宋朝，用现捞上来的黄河鲤鱼作生切鱼片，因宋太祖爱吃而流行为东京汴梁的一道名肴。“黄河鲤鱼，是以压倒鳞族，然而到黄河边活烹而啖之，不知其果美”。（梁章巨《浪迹三谈》）中州（今河南）一段的黄河鲤鱼，在当时堪称“顶级美味”。它执掌牛耳之际，长江流域的武昌鱼，尚且默默无闻，或根本上不了台面。古人“宁饮建邺水，不食武昌鱼”。直到当代，毛泽东写诗：“才饮长沙水，又食武昌鱼。”武昌鱼的身价才大大提高，今非昔比。我以为黄河鲤鱼与武昌鱼，可分别作为黄河文明与长江文明的吉祥物。

从什么时候开始，中国人春节时供奉的千年之有“鱼”，不见得非用鲤鱼不可？我猜测是唐朝。因唐朝皇帝李姓，与“鲤”谐音，因而举国禁止捕食鲤鱼。老百姓置办年夜饭，当然也必须用别的鱼类代替，否则是违法的，要吃官司的。鲤鱼在唐朝，地位最高，真正跳进了人间的“龙门”，与皇帝共命运，喻示着大唐之宏伟气象。《大业杂记》：“清泠水南有横渎，东南至砀山县，西北入通济渠忽有大鱼，似鲤有角，从清泠水入通济渠，亦唐兴之兆。”后来，唐玄宗游漳河，亦曾见赤鲤腾跃，“灵皇之瑞也”。他老人家一高兴，就给鲤封了个爵位“赤公”，并且下令写进“宪法”里。鲤仿佛成了唐朝李姓皇帝的“无房亲戚”，不仅无人去虐待，在世俗中的知名度乃至荣耀，似乎列于将相之上。

直到李唐政权垮台后，鲤才重新成为食物，端上百姓的餐桌。

鲤，做皇亲国戚的感觉，很好吧?

鲤，是否至今仍想“梦回唐朝”?

在中国，鲤的命运，本身就像一小部额外的“史书”。通过它，甚至可以

“解构”历史，“解构”中国的图腾。它不仅是一条古典主义的鱼、浪漫主义的鱼，更是一条现实主义的鱼，乃至象征主义的鱼。它自始至终都游泳在隐喻之中。光与影，形而下与形而上，共同制造了鲤的幻象，制造了鲤的喜怒哀乐。虽然它，作为实体，却浑然不觉，逗留于江山与水草之间，根本不知晓自己所扮演的角色，以及“导演”是谁。

中国人的想象力，赋予了鲤以更多的背景、更多的情节、更多的内容。

鱼与茶叶

我想有两样东西是最需要水的，一是茶叶，一是鱼。鱼在水中用鳃来呼吸。鱼与水的关系，是最经典的情谊。其实茶叶也是如此。茶叶的魅力，同样需要通过水来体现。当滚烫的开水浸泡着茶叶，它就像鱼一样活过来，恢复了知觉，扭摆腰肢。或者更夸张地说：像睡美人一样醒过来，随波逐流，载歌载舞。是的，只有水才能将其唤醒。茶生来就是为了等候那销魂的一吻，为此不惜忍耐长久的煎熬与饥渴。我们喝茶水是为了止渴，却很少想到：茶叶比我们更渴，更期待与水的结合——哪怕这注定是一次性的。

茶叶在水面仰泳够了，纷纷像潜水

艇一样下沉到杯底。这时候它显得比水更重。水要再想拥抱它会很吃力。哦，这一具具光荣的尸体，模糊而又清晰，躺在水做的床上。我联想起海子的诗篇："我怀抱妻子，就像水儿抱鱼。而鱼是哑女人，睡在河水下面，常常在做梦中，独自一人死去。水将合拢，爱我的妻子，小雨后失踪。没有人明白她水上是妻子水下是鱼，抑或水上是鱼水下是妻子……"至于茶叶，亦将死于与水的婚姻，可它却流露出任何溺水者不可能有的幸福的表情。当我们把失去了滋味的茶叶打捞上岸，丢弃在垃圾桶里，它的梦也就搁浅了。那是多么短暂而又灿烂的梦哟：茶叶在水中可模仿花朵的开放，体会到发育的快乐……

现代人饮茶，偏爱透明的玻璃杯，这样可以兼而获得视觉上的享受：观赏茶叶在水中的沉浮与动静。玻璃的茶杯，是我掌心微型的水族馆，游动在我眼前的是一条条绿色的小鱼。但有一点是肯定的：这狂欢的鱼群完全忽略了观众的存在，是不会受惊的。它们拥有的水域，散发着爱情的味道，青春的味道，梦的味道。

鱼与茶叶，原本没什么关系。是我的想象力使它们无限地靠拢了。鱼是江湖河海里的茶叶（钓鱼类似于茶道，同样能修养性情）；茶叶呢，是杯中的鱼，是沸水中的"热带鱼"。鱼与茶叶，都有着杂技演员一样灵活的腰，能够做出任何高难动作。唯一的区别在于：鱼在水中是要觅食的，而茶叶则是为了彻底地奉献。

当池塘里有鱼活动，就不再是死水了。

同样，当杯中泡了茶叶，水也就活了。水会伴随茶叶一起，做一次深呼吸……

水确实很软。可鱼与茶叶，都是水的骨头。

去鸡鸣寺喝茶

喝茶是一门学问。所以日本有了茶道。据说茶叶和佛教一样，是由中国传往岛国的，日本人把两者包容了，在喝茶的礼仪中也讲究禅境与悟性，沏一道茶时的思辨或修养不亚于吾乡人操持满汉全席般隆重。现在，是中国人颠倒过来要向日本人打听及学习茶道了。茶道仿佛也像原装松下电器似的，成为舶来品，真是怪哉！关于茶道，周作人如此解释："茶道的意思，用平凡的话来说，可以称作'忙里偷闲、苦中作乐'，在不完全的现世享受一点美与和谐。在刹那间体会永久，是日本之'象征的文化'里的一种代表艺术。"世界是不完善的，人终须凭借某些手段获得完美的错觉，茶道恰是手段之一。

周作人把茶道讲授得很清白，但他本身是历史上较复杂的人物。新中国成立前他在北平八道湾有一套书房，原名苦雨斋，后改为苦茶庵了。究竟为何易名，他深缄其口，讳莫如深。或许表明雨是天降的，而茶是人为的——天意与人事的变更？据说室内挂有"且到寒斋吃苦茶"的条幅，刻意追求一份行到水穷处、坐看云起时的境界。半个世纪过去了，坐落于老城拆迁区的所谓苦茶庵该已沦为一片废墟了吧？我总听见岁月的影壁后面传来一个老人沙哑的嗓音："喝茶当于瓦屋纸窗之下，清泉绿茶，用素雅的陶瓷茶具，同二三人共饮，得半日之闲，可抵十年的尘梦。喝茶之后，再去继续修各人的胜业，无论为名为利，都无不可，但偶然的片刻游乃断不可少。"看来，茶道并非教诲人们饮水思源，或一劳永逸地坐忘尘世，不过给人们追名逐利之余提供一番小憩罢了。

十年以前，百姓中知道周作人的，比知道鲁迅的少得多。同样，周作人的苦茶庵，怕只在知识阶层有所流传，而说起老舍的茶馆，国人几乎无不知晓。

那已是一座超现实的茶馆，云集旧时代的三教九流，有提笼遛鸟的遗老遗少，也有说书的江湖艺人、卖唱的天涯歌女乃至歇脚打尖的人力车夫……纸上的茶馆，因网罗了栩栩如生的众生相而风吹不倒。苦茶庵是个人主义的，而老舍笔下平民化的北京茶馆则弃雅就俗，返璞归真。老舍使北京的茶馆出名了。老舍也成了老舍。

茶道简直在把喝茶神化为一门学问、一种修行。但如果喝茶等于是在做学问，那是否太严重了？喝茶能体现一份平常心，就足够了。茶叶的好坏、贵贱是次要的，茶具的精雕细琢更是远离主题，关键在于心态，心态的平衡托举着你，在低谷徘徊，或从高枝坠落。《茶经》里无不注明要用上好的泉水，井水则次之，甚至有承接新降的雨水或收集芭蕉叶上的露水以代替甘泉的，这实际上都是形式。形式主义的茶馆是做作的、愚昧的。沏茶最重要的是自我的感觉，不在乎水质，不在乎火温——用感觉沏茶叶，生活中的阴影望风披靡。

除了心态，就是环境，在寺庙里喝茶，在离尘世最远的地方喝茶，那种体会是无法言喻的。我在南京的鸡鸣寺喝过一回龙井，坐在半山腰的亭子里。我噘起嘴唇吹拂着漂在杯盏里的叶梗，陡然察觉风正以同样的姿态从远处吹拂着我，使我灵魂舒展如新。风的呼吸，我的呼吸，是一致的。我去鸡鸣寺，没有烧香，却专门去喝茶——同样不虚此行。

吃的习俗

有河南的朋友来，约我在楼下的东北乡村菜馆小酌。从办公楼到菜馆只有几百米距离，风却吹得人浑身发冷。朋友说，今天是冬至。然后又说，北方的习俗，冬至要吃点儿饺子，就不会冻掉耳朵了。我是移居北京的江苏人，第一次听说，自然一乐：想不到饺子与耳朵会产生如此联系，太有童话色彩了。看来北方过往的冬天确实严酷，使人生怕身体的某个零部件会成为牺牲品。不是还有个传说嘛：黑龙江人在野地撒尿，拿根棍，随时准备敲断冻成冰柱的尿液，以求脱身。当然，那是夸张的笑话。

在馆子坐下，点完菜，又叫一盘饺子。服务员说没有，只有锅贴。这算什么东北乡村菜馆嘛，冬至这一天，居然没有饺子。估计是南方人开的，打着东北的幌子。朋友无奈：那就改锅贴儿吧，代替饺子，总算一点安慰。等锅贴端上桌来，却是一副春卷的模样（只不过两头露着馅），在平底锅里生煎的，一面已快被煎成焦黄的锅巴了。闭着眼凑合吃吧，朋友说，就当它是改版的饺子。嘿，他直到这时候还没忘掉饺子。吃的习俗，真是深入人心。

下班后去小区物业交暖气费，拎着刚买的一袋生肉，原准备炖粉条的。物业的人搭讪：剁馅包饺子吧？原来他们也知道冬至要吃饺子。他们可是刚从安徽来打工的，这么快就接受了北方的风俗。我也不该马虎呀！没时间包，就去超市买一袋速冻饺子的。总算对得起这个不是节日的节日。一边煮，一边自我调侃：今年冬天，耳朵有保障了！

冬至吃饺子，是打着耳朵的名义，满足这张嘴的。馋嘴的人总能为自己的馋找到种种理由。馋说白了是一种瘾。馋嘴的人，瘾君子也。

不仅冬至如此，立秋那天，北方人就要吃点肉，说是长膘，好抵御即将来临的寒气。这莫非是中国特色的“食肉节”？涮羊肉的火锅店，形势热闹起来。这个日子，几乎所有人都像要大开杀戒一样兴奋，吃得满面油光。素食主义者是很难办的。除非他真的打定主意：“永远不做大多数”。但无形中就被大众化的节日气氛排除在外了。好在中国的素食主义者自古就不窝囊，擅长用豆制品，“炮制”出素鸡素鸭素火腿。哪怕仅仅吃个名称，终归体现出了参与意识。重在参与嘛。素食，毕竟不是绝食。

元宵节吃汤圆，端午节吃粽子，中秋节吃月饼……每个节日都有饮食方面的主角，各唱一台戏。好戏连轴转，皇帝轮流做，吃的习俗没完没了，周而复始，中国人的餐桌成了小舞台，中国人的食谱，也就像列车时刻表一样井然有序。虽然变着花样吃、想尽办法吃，仍有其潜在的规律。这规律又跟二十四节气息息相通。即使已进入公元21世纪了，中国人的饮食传统，还是按照农历排列的，还是折射出农业社会的影子。

除了全国性的风俗（堪称“国风”），还有地域性的习俗，操纵着各地的子民。譬如饺子，在北京，不仅冬至时吃，大年三十晚上（农历除夕）也要吃的。“借饺子的谐音取新旧交替、‘更岁交子’之意，又因为饺子外形酷似古代的元宝，在辞旧迎新之时吃它，象征着国盛民富‘招财进宝’，寄托着人们对来年美好生活的愿望。还有人在饺子馅中放入银币、铜币以及宝石等用来占卜一年吉祥、顺利。”（刘建斌《京华春节食风谈》）而在江南，通常炒年糕，象征

"年年高升"。用肉丝炒，用雪里蕻炒，上海还有用螃蟹炒年糕的，如今已成了本帮菜中的一道精品。

北京腊月初八，常常是一年中最寒冷的日子，要熬腊八粥的。腊月初八食粥这一习俗，最早来源于佛教："据说佛教的创始人释迦牟尼出家后，曾游遍了印度的名山大川，以寻求人生的真谛，他长途跋涉，终日辛劳，晕倒在尼连河畔。这时，一位善良的牧羊女用拣来的各种米、豆和野果熬粥给他喝，使释迦牟尼终于苏醒过来，并于腊月初八日得道成佛。从此，每年的这一天群僧诵经作佛事，还仿效牧羊女以多种米豆干果熬粥敬佛。"（刘建斌语）在我老家南京，没有腊八粥，可能觉得要凑齐黄米、白米、江米、小米、菱角米、松子、红豆、绿豆、黄豆之类太费事；老百姓爱做的是八宝饭，系将糯米干饭蒸成碗状，倒扣过来，浇上红枣、核桃仁及各色果脯熬成的糖稀，然后将热气腾腾的八宝饭摆在桌中央，大家你一勺我一勺挖着吃，香甜糯软，无论从视觉还是味觉都是一大收获。我来北京之后，鱼米之乡的八宝饭远了，也改喝腊八粥了。腊月初八，没时间熬粥，就去便利店买一听易拉罐装的，用微波炉加热了，象征性地敬一敬佛，同时也安慰一下自己：在异乡过得还是蛮有情调的嘛。我快被异乡给同化了。

吃的习俗，多多益善，流水般的日常生活增添了情调，无趣的日子变得有趣了。新鲜的食物，因为古老的习俗而沾染上几分历史感、文化味，乃至神圣性。即使在无神论者的国度，也需要信仰的。"民以食为天"，中国人，以饮食为宗教，以饮食为信仰。这构成他们一日三匝、重复修炼的功课。习俗使吃由形而下转变为形而上了。五千年中华文明，如果剔除了饮食文化，多多少少会显得苍白，或假大空些。

只是，随着现代化的到来，某些习俗，快要失传了。还以北京为例，早先有谚语：送信儿的"腊八粥"，要命儿的"关东糖"。当代的白领，已听不懂了。腊八粥送信儿比喻春节将至，关东糖则是祭灶王爷的必需供品，从腊月二十三祭灶起，债台高筑的人开始发愁怎么应付债主上门追账。灶王爷是谪仙，深入万户千家厨灶之间，了解各种善恶情况，每年腊月二十三日上天向玉皇大帝打“小报告”，大年三十晚上再返回，对各家进行奖惩。它是离老百姓最近的一尊神。烧什么，吃什么，全在其眼皮底下，祭灶供上黏性很大的麦芽糖，又叫糖瓜儿，为了粘住灶王爷的嘴，也算小小的“贿赂”。这体现了很有趣味的人神关系。

现在，腊月二十三，还有谁祭灶吗？吃惯了巧克力的孩子们，不知关东糖为何物，更不知灶王爷是谁。

即使大人，也不认为自家精装修的厨房，会有一尊神的存在。其实，相信神在屋顶下与自己共呼吸，未尝不是一件很浪漫的事。只是，浪漫也需要力量的。现代人已无浪漫的力量。实用主义，对古老的习俗造成最大的破坏。

灶王爷，灶王爷，你吃过汉堡包吗？

灶王爷，灶王爷，你见过煤气炉与抽油烟机吗？

生活的革命，是从厨房开始的。

儒家的吃

孔子的相貌一定很儒雅，但在口味方面，俨然一食肉动物也。他以教育家的身份，开办私立学校，不见得真想搞什么“希望工程”，从本质上还是“为稻粱谋”。有啥办法呢，孔子也是人嘛，也要养家糊口。他的私塾，门槛其实还挺高的，光靠送几斗五谷杂粮是进不去的。孔子可不是吃素的。想跟他学点本事的那些青少年，家境估计都还不错，慢慢也就摸透了这位教师爷的胃口，投其所好，逢年过节总捎去一束束的干肉。这无形中就充抵学费了。孔子果然喜笑颜开，强咽下口水，一手接过干肉挂在屋檐下，一手拉起下跪献礼的徒子徒孙去教室里听课。拜师仪式永远这么简单，三分钟就能搞定了。

孔子爱吃的干肉，估计是用盐腌制后风干的，为了便于保存。不知跟后世的金华火腿或腊肉，味道有什么区别？孔子收的学生越来越多，厨房里悬挂的干肉，总也吃不完似的。猛然走进他家，你会觉得不像学校，更像肉店。真有口福！什么周游列国，什么传贤问道，纯粹吃饱了撑的。但不管哲学家还是艺术家，首先要吃饱肚子，解决了形而下的问题之后，才有心思、才有力气追求形而上。这本身就是真理。孔子不是苦行僧，可过不惯食无鱼或食无肉的穷日子。他甚至在教授音乐课时，也要使用通感的手法，以味觉上的鲜美来比喻听觉上的奇妙：一支好曲子，能使人“三月不知肉味”。何谓余音绕梁、三日不绝？总令我联想到孔子家中悬挂在梁柱上的一串串干肉。真是仙乐飘飘、香气扑鼻啊。

我童年时，正赶上批林批孔，读一本批判孔老二“罪恶一生”的小人书，其中一幅画面印象极其深刻：孔老二收徒弟，身后的房梁上挂满干肉。挺让我眼馋的，看着看着，都快流口水了。要知道那是贫困的时代，肉类都要凭票供应，我家一个月吃不上一次肉。面对“画饼”，自然饥肠辘辘。当时的人们，就因为嫉恨孔老二天天有肉吃，而将其定罪为“剥削阶级的代言人”。幸亏孔子终生不曾担任过什么显赫的公职，否则还不说他是大贪官，开贪污受贿之先风？唉，食草动物对食肉动物，总有先天性的敌意。

大概从20世纪80年代开始，孔子的“冤假错案”，也得以平反昭雪。中国人重新将其封为大教育家、大哲学家。我去山东曲阜，参观孔庙、孔林、孔府，尤其想看看他家的厨房，到底装修得什么模样。在迷宫般的深宅大院里，找了半天都未找到，也就罢了。君子远庖厨嘛。倒是在孔子坟前，考虑到自己好歹也算个知识分子，读过四书五经，来拜访祖师父，不作兴空着手呀，于是从行囊里翻出一袋真空包装的咖喱牛肉（记不清啥牌子了），恭恭敬敬地呈上。权当见面礼吧。孔子死后，在世间还有这么多徒子徒孙，代代相传，他九泉之下也不愁没肉吃的。

孔子不光爱吃猪羊牛肉及各种家禽，还爱吃鱼。他津津乐道："食不厌精，脍不厌细。"其中的脍字，即指细切的肉生、鱼生。更多指鱼生，吃法相当于当代的三文鱼。杜甫曾写诗赞美切脍的技巧："无声细下飞碎雪"。《东京梦华录·三月一日开金鱼池琼林苑》："多垂钓之士，必于池苑所买牌子，方许捕鱼。游人得鱼，倍其价买之。临水斫脍，以荐芳樽，乃一时佳味也。"斫脍的流行，不能说完全没受到孔子遗愿的影响。孔子爱吃鱼，还表现在他给自己的宝贝儿子起名为鲤，据说孔鲤诞生那天，老人家刚从农贸市场买了条大鲤鱼提回来，正考虑着是该红烧呢还是清炖？也算一道日常化的哲学问题吧。这比丹麦王子哈姆雷特那样尽想着是生还是死，可有意思多了。

孔子本质上还是一位乐观的思想家，有一颗平常心。他爱吃肉、爱吃鱼、爱穿名牌衣服，又有什么不好？说明他热爱生活嘛。当教师的，不热爱生活，能教出什么样的学生？一个民族的教师爷，不热爱生活，这个民族还不彻底绝望了？

难道非要叫孔子变成一头"食草动物"，吃的是草流的是奶，就好了吗？就更可亲近吗？他吃肉，不也同样流出奶来；从他身上起源的儒学的乳汁，不也浇灌中华民族几千年？食肉动物的乳汁，没准比食草动物的更有营养、更有力量。

中华古代文明，儒、道、释的影响此消彼长，相映成趣。儒教之所以未被道教或佛教挤垮，还在于它根深蒂固。它是入世的，积极进取的，是孔子，是食肉动物所倡导的哲学。所以，它不容易被打败。

儒学的另一位模范教师，孟子，也保持着食肉动物的禀性。他不仅爱吃家禽家畜，还爱吃野味，譬如熊掌。他目标明确，直奔主题："鱼我所欲也，熊掌亦我所欲也，二者不可得兼，舍鱼而取熊掌者也。”在餐桌上，一点也不愿显得羞答答的。在他眼中，熊掌可比酱猪肘过瘾多了。孟子的伙食标准，比孔子的时代要高一些。孔子生吃点鱼片，就挺满足，孟子却更生猛，非要尝尝极品的熊掌。有一股挽弓当挽强、擒贼当擒王的气势。

后来，估计野生动物被猎杀得差不多了，熊掌不太容易弄到，连苏东坡这样的儒学大家，也只能窝在自家小厨房里，炖点儿东坡肘子，解解馋。从他身上，好歹还能看出食肉动物的影子。他的诗篇中居然有一首《猪肉颂》：“净洗铛，少着水，柴头罨烟焰不起。待他自熟莫催他，火候足时他自美。黄州好猪肉，价贱如泥土，贵者不肯吃，贫者不解煮。早晨起来打两碗，饱得自家君莫管。”苏东坡，从某种意义上，还是得自孔孟的真传。

苏东坡好歹还有红烧肉吃，到了曹雪芹那里，连肉末都吃不上了，只好喝稀粥：“蓬牖茅椽，绳床瓦灶，举家食粥”。唉，中国知识分子的伙食，越来越差了。《红楼梦》无疑属于中国文学史里的满汉全席，可烹饪这桌盛宴的大厨师呢，却穷得快揭不开锅，以粥充饥。但他前半辈子毕竟阔过，在《红楼梦》里，还能以无限怀念的笔调，描绘一番富贵人家的大鱼大肉、山珍海味。朱门酒肉，并不臭，香着呢！只不过不容易吃到嘴罢了。

要想顿顿有肉吃，就得受尽十年寒窗苦，学而优则仕，就得一步步往上爬、升官发财，就得出人头地、治国平天下……此为儒家教育里的一条潜规则。不好意思明说。其实谁都是这么想的，这么做的。弱肉强食、适者生存嘛。

跟孔孟相比，老庄之类道学先生，太像素食主义者了。尤其庄子，总装出胃口很小的样子，什么都不想要，好像是靠吸风饮露长大的，看一眼蝴蝶，就饱了。

隐士的吃

在我想象中，中国古代的隐士，都像是素食主义者。至少，会装出一副清心寡欲、吸风饮露的样子。哪怕很明显是在作秀。

他们并非天生就爱过食无鱼、出无车的日子，而是在现实世界中不可得，就愤愤然呼唤长铗归去兮，到山里面盖两间草房、种几块菜地。为了避免被别人认为是吃不到葡萄说葡萄酸，更要处处显示出自己为了崇高的理想，譬如自由，而放弃了鱼与车。常听到的一句口号："宁可食无肉，不可居无竹。"讲的就是这个道理。他们培植一小片竹林绝不是为了煮竹筒饭，或挖竹笋吃，纯粹为了审美的欣赏。可见他们的眼睛比嘴更馋，更挑剔。其实，如果既有肉吃，又有竹子看，肯定加倍地美妙。隐士们的牢骚会少些。但那样的隐士必定属于高级隐士。

高级隐士应该有遗产或积蓄可吃。或者说，腻味了山珍海味之后，才想尝尝农家菜，乃至粗粮之类。陶渊明就是这样一位。他"不为五斗米折腰"，挂冠而去，没准是嫌工资低呢。否则怎敢炒皇帝的鱿鱼？假若他还乡后囊空如洗、饥肠辘辘，哪有心思采菊东篱下？早拎起小铲子、挎上小背篓去后山挖野菜了。

我想，挖野菜充饥的，才算真正的隐士。尤其，当众人都向往舍鱼而取熊掌（像孟子那样），他能反其道而行之，舍鱼而取野菜——这才"酷"。有一股不食周粟的劲儿。

可惜，真正的隐士多么少呀。翻遍二十四史，也难找出几位。尤其现代化之后，做隐士梦的人，都嫌隐于野太苦（那不等于"下放农村"嘛），宁愿隐于市或隐于朝算了。还总结出这样的理论：小隐隐于野，中隐隐于市，大隐隐于朝。其实，小隐最难做。要能吃苦的，还要能苦中作乐，尤其贵在坚持。更多的情况下，做小隐只是权宜之计，放长线钓大鱼，以退为进，最终的目的还是力争“升级”做中隐乃至大隐。

真正的隐士实无大、中、小之分，纯粹为归隐而归隐，哪怕天天啃窝窝头也愿意。他们的胃口很小的，正如其欲望，小到了“一箪食一瓢饮”足矣的地步。孔子的门生中，好像只有一个颜回能达到这种境界：人不堪其忧，回也不改其乐。

假隐士太多，真隐士确实成了茫茫尘世间的稀有动物，“稀有”得你会觉得他已绝迹了。鲁迅在他那个年代，已深有体会：“我们倘要看看隐君子风，实际上也只能看看（陶渊明）这样的隐士，真的‘隐君子’是没法看到的。古今著作，足以汗牛而充栋，但我们可能找出樵夫渔父的著作来？”他一针见血地指出：“登仕，是啖饭之道，归隐，也是啖饭之道。假使无法啖饭，那就连‘隐’也隐不成了……肩出‘隐士’的招牌，挂在‘城市山林’里，这就正是所谓‘隐’，也就是啖饭之道。”

跟职业僧侣、职业乞丐、职业杀手一样，职业隐士也诞生了。再神圣的信仰，一旦职业化，尤其还当作铁饭碗来捧着的时候，就没多大意思了。在我看来，隐逸是最不应该成为职业的，可它在历史上偏偏被很多想混饭吃的人所利用。快成了一种反向的“科举”。隐士，最早学会了作秀，学会了炒作自己。姜太公，就是这样钓鱼的，赢得后人纷纷效仿。

真正的隐君子，应该是对“隐”而上瘾的瘾君子。欲戒而不能。

竹林七贤，属于哪一类？我还不太敢肯定。不管怎么说，他们有酒喝的；下酒菜也绝非拍黄瓜、咸鸭蛋或水煮花生米。竹林，可能只是一道虚设的屏风。

我真想把中国古代的这些著名隐士的菜单调出来看一看。这才是衡量他们是否够格的“秘密档案”。别光听他们哭穷、装清高、佯醉，又有几个，真的是在吃自家后园里种出的蔬菜与五谷，喝自己亲手酿造的土酒？

究竟是食草动物还是食肉动物，是隐于山林还是隐于酒肉，看一看他们每个人的食单，就全明白了。

袁枚堪称清朝的大隐士。他本是杭州人，乾隆四年（1739 年）进士，历任溧水、江宁等地知县。正当官运亨通之际，却于 33 岁退职，隐居在南京小仓山，私自修建了随园。他偏偏又是最讲究吃的。隐士的吃，在他身上达到了登峰造极的境界。他的胃口可比陶渊明好多了，光有菊花看是不够的，还必须顿顿有肉吃。据说一口气能吃掉一根金华火腿。他根本不吃米饭，纯粹以肉类为主食。这倒没什么奇怪的，既然有鲁智深一类酒肉和尚，也就应该有袁子才这样的酒肉隐士，油水很足，满面红光，把那些面黄肌瘦的聊斋书生们生生地给比下去。他的吃相分明在宣告：隐士是饿不死的；隐士并不全是食草动物。

袁枚优游林下，附庸风雅，写下了《随园诗话》觉得很不过瘾，又开始写《随园食单》，把平生品尝过的美味一一记录在册。《随园食单》简直是隐士的满汉全席，既有山珍海味，又不乏家常小菜。甚至连一枚鸡蛋也不放过：在讲授怎样做蛋羹时，特意强调一定要用筷子搅动一千下，使蛋黄与蛋清水乳交融——像做化学实验一样严谨……把《随园食单》翻一遍，我边流口水边感叹：在袁枚之前或之后，真不知还有哪位隐士，能有如此旺盛的食欲，和如此辉煌的口福?

袁枚在《随园诗话》里说了大意如下的观点：美人可以养目，美文可以养心。或许还该给他加上一句：美食可以养胃，美酒可以养气——浩然之气也。

归隐后的袁枚，不仅纵情于诗酒，还以女色为生活的调味品。他大收女弟子，多讨姨太太，有一大堆姚黄魏紫相伴周围，其乐融融。我估计袁枚的女弟子或姨太太，大都炒得一手好菜，这恐怕比写得一手好诗还重要。袁枚在随园，不需要红袖添香，却需要红袖添菜——来完善这份传奇的食单。他挖空心思吃出新花样，吃出新感觉。

获得隐君子兼美食家的双重身份，是需要本钱的。这哪像隐士的生活？分明是地主嘛。如此的隐士，谁不愿意去做?

清朝专门出这样的富隐士（穷隐士们估计都已饿死了，或实在顶不住，还俗了）。除了袁枚之外，还有个李渔，也是假模假式地弃世归隐，好像真准备断了俗念似的。南京有大名鼎鼎的芥子园，即李渔的隐居之所。李渔在芥子园里，玩腻了琴棋书画，闲得无聊，自然想下厨炒几道菜，图个新鲜。他饱食终日之余撰写的奇书《闲情偶寄》，里面有相当一部分是谈论饮食与烹饪的，又有相当一部分菜目是老百姓吃不起的。

随园与芥子园，在我眼中，不像隐士的寒舍，更像大款的别墅（厨房肯定是精装修的）。类似的园林在苏州更多。古老的隐士，全跑到城里来跑马圈地，经营自己的人造山林。看来隐于市确实比隐于野好玩多了。

至于《随园食单》，或《闲情偶寄》，这样的书纷纷出笼，很明显作者是吃饱了撑的，而绝不是在画饼充饥。

只有吃饱了撑的人，才会赞美西北风好喝，才会有闲情逸致，玩味烹调的奇妙。“却将万字平戎策，换得东家种树书”，说得多矫情呀。

古今的隐士，无非两种，一种是有闲又有钱的，一种是有闲却无钱的。闲是隐士必须具备的资质，然而闲不值钱。可见做隐士且要坚持下去，没有点本钱是不行的。那会活得很累、死得很惨的。相反，有钱人倒可以做隐士，越有钱越可以长期地做，乃至永久地做。大不了用钱来买闲呗，比偷闲要潇洒得多。隐居之于他们，不过是一种高档的生活方式。当然，还可以演变为一种以守为攻的出名的手段。袁枚、李渔之流，不就挺擅长以归隐来炒作自己嘛，直至形成品牌。这些“名牌”的隐士哟，这些明星一样活着的隐士哟。

冒牌的隐士，遮蔽了真正的隐士的光辉。

还是以清朝为例。有清二百余年间，真正的隐士只有一位，就是曹雪芹。他很典型是有闲却无钱的。或者说，他曾经有钱，后来却无钱了。家道破落，他不得已离群索居，被动地成为门可罗雀的隐士。这样的隐士的表情，注定是愁苦的。

曹雪芹隐居于北京西山脚下的黄叶村，粗茶淡饭，度日如年。他是在苦熬啊。他体会到的是一种最残酷的“闲”。纯粹为了打发时间，或宣泄烦扰，他开始写一部自己都觉得无意义的书——《红楼梦》。他写作的伙食，与袁枚、李渔相比，绝对天壤之别。查不到曹雪芹的任何菜单，只知道他经常煮粥充饥。可在《红楼梦》里，许多细节，譬如大观园的大小宴会，都体现了作者本人对美食的所有回忆，以及全部幻想，甚至构成一种隐秘的激情。让后来的读者，很难相信，这些生动而华丽的描写，出自一位饥寒交迫的作者之手。

当《红楼梦》终于被人读到时，写书的隐士，寂寞地死去了。带着他那清苦的胃，和寡淡的心。

然而，这部书却构成中国文学史上的一桌筵席。

我对最朴素的稀粥刮目相看。因为它是曹雪芹写《红楼梦》时的“营养食品”。真正的隐士的吃，不过如此。

最后的晚餐

不论在东方抑或西方，饮食都是一种文化。譬如《圣经》中出现的“最后的晚餐”——使饮食成为离宗教最近的事物。只是耶稣的菜谱，早已经失传了。我们更打听不到他的厨师是谁——那是属于十二使徒之外的隐形的使徒，是缺席的在场者。真有本事啊，烹饪出了人类文明史上最著名的一道宴席。

事隔多年之后，文艺复兴时期，又有位意大利的“大厨师”把这桌冷却的菜肴重新烩制了一番。他并未添油加醋，却采用了最新的调味品：油画颜料（据说里面掺有蛋清）。他的名字叫达·芬奇。这幅供奉于米兰的圣马利亚·德拉·格拉齐耶隐修院的油画，是无价之宝。五百年又过去了，一拨接一拨远道而来的拜访者，在先贤的剩菜残羹间感叹不已。

十二位使徒，围绕耶稣而坐，表情各异。当耶稣说他们中间有个叛徒时，有的人吃惊得抓不牢刀叉。犹大就是因为这顿饭而臭名昭著的。他掩饰不住尴尬的神情——像是被鱼刺卡住了喉咙。

说是晚餐，却散发着淡淡的血腥味。没有觥杯交错，只有阴云笼罩。

这仿佛是一个不祥的预言，把饮食跟阴谋结合在一起，类似的情况在中国也发生过。譬如鸿门宴，譬如宋太祖的“杯酒释兵权”。

只可惜中国似乎很少有达·芬奇那样直面人性善恶斗争的大手笔。

最后的晚餐，并不是最后。这桌宴席举办了几千年，还未散去。相反，它已在更多的人群中流行。阴谋的细菌，最容易滋长在伪善的饭桌上。

中国古老的圣贤们爱吃什么？

孔子堪称是第一位美食家，率先提出“食不厌精，脍不厌细”的口号。他开办私塾，徒子徒孙们缴纳的学费是一捆捆的干肉——可以悬挂在房梁上储存。难怪形容美妙的音乐，要说“三月不知肉味”，要说余音绕梁呢。孔子爱吃的干肉，是否类似于后来的火腿或腊肉什么的？他若活着的话，想拜其为师也很容易，扛一根金华火腿去准可以。

孟子的口号则是“口之于味，有同嗜焉”，说得挺有人情味的。孟子爱吃鱼，更爱吃熊掌，我们早就知道了。“鱼我所欲也，熊掌亦我所欲也，二者不可得兼，舍鱼而取熊掌者也。”态度何其坚决！在他心目中，鱼相当于“生”，熊掌相当于“义”——舍生而取义，自然理直气壮。

这两位儒家的祖师父，似乎都不愿掩饰自己的馋，谈哲学之余，也追求美食——这是他们身上最率真的地方。

孔子的学生中，出过颜回（一箪食、一瓢饮而不改其乐），出过子路，但毕竟没出过犹大之类的叛徒。他是幸运的。

美食节

我俨然有福之人，去外省市出差，常常能遇上一些地域性的节日。出差便变成了赶集，添一份喜庆的气氛。其实，这无形中在证明：由于改革开放，地方节日如走马灯般络绎不绝，错过了这趟也能赶上下一趟。中国人好热闹，恨不得三百六十五天都有节日。嫌法定的节日数量有限，又根据各自的地理、民俗、特产创造出许多节日，以求锦上添花。这是好事。所谓节日，不就是让大伙儿找着理由乐一乐嘛。愈有创意、愈有特色，则愈有号召力。何乐而不为呢？

地方节日风起云涌，又有相当一部分，跟饮食有关。去青岛，赶上啤酒节，海滩有免费的扎啤供人品尝。去金华，赶上火腿节，觉得挽弓当挽强，挑了最大的一号火腿背回来，路上还以为我在练习反弹琵琶呢。去长白，赶上人参节；去大连，赶上螃蟹节；去重庆，赶上火锅节，我还纳闷呢：山城又有哪一天不吃火锅？从北京前往河北最方便，我一会儿参加定州鸭梨节，一会儿参加承德蘑菇节，又接到请柬：沧州金丝小枣节……当个美食作家也挺好，完全可以像明星走穴一样忙碌。只不过他们动嘴唱，我动嘴吃。都算是口福。

以前去云南，不是采访傣族的泼水节，便是奔赴彝族的火把节，现在倒好，又多了沱茶节、过桥米线节、宣威火腿（俗称云腿）节，等等。变着花样过呗。生活真成了万花筒。让人看了眼晕，玩的就是心跳。

据说，美食节的最大好处就是促销，为本地的土特产做活广告，招商并吸引游客，完全是一本生意经。跟法定的那些政治色彩、人文色彩的节日大有区别。恐怕正因为如此，过起来相对轻松些，穿一双拖鞋就可以闲逛了。越是小地方，过节的热情越高。小城故事多，小城节日多。说白了就是一个个大集市。

我的老家江苏也是如此。镇江肴肉，太湖银鱼，苏州小吃，黄桥烧饼，洞庭白果，宜兴百合，扬州酱菜，阳澄湖大闸蟹，凡此种种，足以成为美食节的金字招牌。听说，连高邮的双黄蛋也在跃跃欲试呢。都想找个良辰吉日来当一回主角。

我刚参加完溧阳茶叶节（已是第九届了，并请来周华健、容祖儿、苏有朋等明星），回到省会南京，龙虾节的大幕已徐徐拉开。钟山宾馆门前，安置着巨型的龙虾雕塑（似乎不比原先新街口的孙中山铜像小多少），还打出“广场美食龙虾节”的横幅。桌椅板凳遮阳伞，露天摆放，一户户人家跟野营似的，聚拢在一盆盆热气腾腾的红烧龙虾周围。赫赫有名的金陵啤酒，也赶过来，争当配角。别提弥漫的虾香了，光是那场景，让人看了就走不动路。莫非这就是所谓的金陵王气？南京人，吃起东西来一点也不秀气，还是蛮喜欢“暴饮暴食”的。他们的态度很明朗：吃不起海鲜，还吃不起湖鲜嘛。再上一盘！江南的这种淡水小龙虾，比海鲜馆里的澳洲龙虾要小好几圈，简直像孙子辈的，但用特有的香料烹饪后，反而能吃出别样的滋味。调味方法是邻近的盱眙发明的，因而又叫盱眙十三香龙虾。

龙虾节最初在盱眙小城举办，后来扩张到省会南京，一下子就升级了，覆盖整个江苏。连出产大闸蟹的洪泽湖，都开始大规模饲养龙虾了。现在，龙虾已经在北京登陆并扎根，东直门外的簋街，每年夏天都大批量热销麻辣小龙虾。北京爷们亲热地简称其为“麻小”。

南京中山门外卫岗，前线歌舞团西侧，有龙宫大酒店。以龙虾为主打品牌，号称将“十三香”进行到底。不仅店面扩大了，还开辟专用停车场，因为总有人开着车大老远地赶过来。我陪父母去吃过几回，总要排队等座位。过道上乃至门前的平台上，都有加座。大小餐桌毫无例外要摆一盆烧得红彤彤的龙虾（60元的工薪价格）。南京城里，谁都知道有个龙宫，做的龙虾最正宗。现在中山东路又开了一家分号，照样火爆。

大行宫一带，还有盱眙龙虾村，也很出风头。瞧它在晚报上怎么做的广告："说起龙虾，南京人总是偏爱有加。每年的龙虾时节，南京的各大龙虾专营店总会使尽奇招，带给龙虾迷们不同的惊喜。眼下，龙虾已经神气地爬上了南京食客的餐桌。盱眙龙虾村针对不同的食客，准备了不同口味的龙虾大餐，如独特的十三香浓香型口味等，并特意从盱眙请来了烧龙虾的高手。龙虾一下受到南京人的青睐，但食客对龙虾品质的要求越来越高，为此店里的龙虾都是特意从盱眙精心挑选的无污染'绿色'龙虾，肯定让龙虾迷们吃得意犹未尽。"读到这样的文字，难道你不会流口水吗？不想去尝试一番吗？这很容易。龙虾节期间，到了南京，满大街都是龙虾。连卖湘菜、鲁菜、东北菜等其他风味的餐馆，也不得不临时增加这道本地特色菜，甚至以吃龙虾赠啤酒为诱饵，才拉拢住客人。我注意到了，卫岗龙宫对面的蓉城老妈火锅店、北京涮羊肉馆等，都打出"兼售十三香龙虾"的横幅。在我眼中，这更近似于向龙虾投降的白旗。金陵王气，全叫龙虾给独占了。

龙虾节，龙虾节，究竟人在过节呢，还是龙虾在过节？

至于左手端金陵啤酒、右手持盱眙龙虾的我，红光满面，究竟是节日的过客呢，还是节日的主人？

野外吃野味

去广东，做好了吃野味的思想准备。如果像食草动物一样扭扭捏捏，会对不住东道主的盛情。在饮食方面，广东人其实比北方人还要豪爽。吃完飞禽吃走兽，吃完山珍吃海鲜，总吃不够似的。入乡随俗，我也就来者不拒，彻底变成一只“来自北方的狼”，与南方的同类举杯相庆。一边放纵自我狼吞虎咽，一边生怕被小瞧了。几顿饭下来，果然被东道主引为知己。好吃的人聚在一块，越吃越香，饭量与酒量皆互相促进。

东道主姓周，是位诗人。吃相却威猛如军阀，喝白酒也习惯用茶杯。在广州吃腻了，又邀我们去邻近的番禺。那里有他的旅游公司，也有熟识的酒楼饭肆，尽可一家接一家换着吃。就是这样，也有厌倦的时候。于是他倡议别在城里吃了，改去野外吃野味。大家顿时又来了精神。

面包车载着一伙兴奋的诗友驶向郊外，沿途能看见篱笆围绕的农舍、河面漂浮的渔舟，最终抵达田野上一座孤零零的小村落。听说此即大作曲家冼星海的出生地。瓜棚豆架，立马在我眼中像五线谱一样生动。哦，《黄河大合唱》等诸多名曲真正的源头，原来在这里哟。看来今天必须好好喝一顿酒，以感谢冼星海带给我们的耳福。

由于事先打电话预约好，当我们走进一户农家时，电饭煲已在餐桌中间支好，里面正滚沸着一锅喷香的大米粥。主客刚刚坐定，端上桌的是满满一盘切好的生蛇段，还有一盘洗剖好的田鸡。周诗人介绍：下面要品尝的即番禺名吃田鸡蛇粥。说着他就把蛇段和田鸡块一股脑儿倒进粥锅里。

说实话，我看见这幅带点血腥味的场景时，身上起了一层鸡皮疙瘩。但入乡随俗，也就努力克制住生理上的不适应，故作镇定地抽烟、喝苦丁茶。还自我安慰：大不了就当自己是原始部落的一员吧，跟茹毛饮血的境界相比，好歹还有电饭煲呢。大不了，就当这是瞬间的“返祖”现象吧。

农家四面都有镂空的窗户，窗外即是一览无余的农田。周诗人说，锅里煮着的田鸡与蛇，都是农户当天早晨去田里现捉的，绝对新鲜，绝对无污染。他又讲起去年闹“非典”，广东人都不敢吃蛇了，野味餐厅也都停业，他实在抵不住馋意，溜到这儿来偷吃过几回。当时心里也还是挺怕的，跟拼死吃河豚似的，就差事先拟好遗书了。直到现在，还很钦佩“白色恐怖”笼罩之下自己居然有这样的勇气。

说到这里，电饭煲里已飘出四溢的香气，周诗人情不自禁揭开锅盖，用筷子夹起一块蛇肉放进嘴里，边吸气边咀嚼。唉，一点不怕被烫着？我注意到，他咀嚼时眼珠子都停止了转动，仿佛为了集中注意力品味蛇肉的鲜美。他自己带头先吃了，又让我们不妨稍微等等；多煮一会儿，消毒会更彻底些。可欣赏到他的吃相，我们哪里等得及啊，于是纷纷提起筷子，先夹锅里的田鸡肉来解解馋。

每人面前都有一碗拌好的调料，还可酌量加入切碎的青辣椒。把滚烫的田鸡肉在调料汤里浸一下，既有了滋味，又可稍加冷却，急不可耐地咬上一口，觉得鲜嫩得跟螃蟹螯里的那块肉脂似的。而田鸡的皮，也跟鱼皮一样香脆爽

口。难怪把这种南方的蛙类叫作田鸡呢，它的肉其实比鸡肉还要细腻。

田鸡一网打尽，接着就要吃蛇了。吃蛇最好动手，有气势。周诗人作示范，用拇指和食指牢牢捏住蛇段的脊背骨两端，然后用牙啃食两侧的蛇肉，就这么几下子，手中只剩下一小段鱼刺般的蛇骨。直到这时，我才体会到野外吃野味的乐趣。清风入怀，持蛇而舞——唉，这么吃下去，自己也该变成一个野人了。但这毕竟是在野外，还有比田鸡、蛇这样的野味更好的下酒菜吗？我分明比平时多喝了好几杯。

吃完荤菜吃素菜，又有几碗时蔬和切块的木瓜倒进锅里。蛇粥变成了淡绿色，而且散发出植物的清香。这种瓜也许不叫木瓜，但我没记住它的称呼，只好以木瓜命名之。番禺人挺爱吃这种菜瓜。屋后头的瓜棚，种的都是。上菜时现摘两颗就可以。

这顿饭的高潮固然是吃蛇，喝粥则为之画上一个圆满的句号。煮了两个时辰的大米粥，里面既有田鸡香、蛇肉香，又有瓜菜香。我连盛了好几碗，也没喝够。番禺的蛇粥，真是名不虚传。这哪是粥啊，分明是龙凤汤。我品尝到前半生从未想象过的一种滋味。于是，凡是能够想象出来的滋味，都不算什么滋味了。

吃番禺的蛇粥，不需要想象，需要的就是这么一份现场感。野味，还是要在野外吃。它会帮助你恢复一颗野人的心。一年三百六十五日，能做一天野人，有什么不好呢？这是多么幸运的事情。待在城里，戴着假面具，你想做野人还做不成呢。

有一种美味，不仅是无法想象的，而且难以用语言描述，番禺的蛇粥，即是。我这篇文章虽然写了，但写了也是白写。它只能拾捡起那辉煌的一天的只鳞片爪。

所以，你别听我瞎说，有空就去番禺亲自体验一回吧。那时候，你一定会觉得，我这个作家，太不擅长表达了。

饥饿美食家

卡夫卡写过一篇带有自况意味的小说，叫《饥饿艺术家》。讲述一个从事饥饿表演的怪人，被关在马戏团的铁笼子里，连续 40 天不进食，供游客参观。"饥饿艺术家风靡全城，饥饿表演一天接着一天，人们的热情与日俱增；每人每天至少要观看一次；表演期临近届满时，有些买了长期票的人，成天守望在小小的铁栅笼子前；就是夜间也有人来观看，在火把照耀下，别有情趣……"后来，随着人们对这种怪事习以为常，饥饿艺术家也快要失业了。他又进行一轮新的表演，却因缺乏观众而倍感冷落，"记载饥饿表演日程的布告牌，起初是每天都要仔细地更换数字的，如今早已没有人更换了，每天总是那个数字，因为过了头几周之后，记的人自己对这项简单的工作也感到腻烦了。"全世界的人都遗忘了，遗忘了还有一位艺术家，在坚持着自己孤独而沉默的表演。他最终饿死在门可罗雀的"舞台"上。

最初听说这篇小说的标题，我就隐约地理解卡夫卡的喻意：饥饿（乃至贫穷），是大多数艺术家（或真正的艺术家）的宿命。仔细阅读，又发现：原来饥饿本身也可以成为一项表演、一门艺术。饥饿艺术家，同样有着自己的信念，甚至比其他门类的艺术家更为虔诚、更为坚定：他认为自身的忍饥能力是没有止境的。可惜，即使他可以忍耐漫长的饥饿，也没有哪个观众有耐心继续看他那索然无味的表演。这构成他痛苦的原因：寂寞其实比饥饿更难以忍受。他察觉自己所从事的只是"一个人的艺术"，自导自演却无人喝彩的艺术。

卡夫卡本人不也正是如此嘛。他生前写了大量的小说，却无法得到社会认可，甚至没遇见几位真正的读者，只能搁置在抽屉里。他长期忍受着"精神饥饿”。郁闷地立下遗嘱，委托好友将手稿“毫无例外地予以焚毁”。

被遗弃的饥饿艺术家，奄奄一息时吐露真言：“我只能挨饿，没有别的办法，因为我找不到适合自己胃口的食物；假如我找到这样的食物，请相信，我不会这样惊动视听，并像你和大家一样，吃得饱饱的。”但在他那瞳孔已经扩散的眼睛里，流露着虽然不再是骄傲、却仍然是坚定的信念：他要继续饿下去。这样的人，绝对是世界的孤儿。

我用解构主义的方法，加以设想：假如关在笼子里并且断绝食物来源的，不是一位艺术家，而是一位美食家，会怎么样呢？那一定构成加倍的折磨！别提 40 天或更长的时间了，即使一天也受不了。这对于美食家，绝对属于酷刑。哪怕他能忍住饿，却忍不住馋。愈饿的时候则愈馋。馋比饿更可怕，更容易摧毁他的意志。

饥饿艺术家愈战愈勇，把食物视为头号敌人：“在饥饿表演期间，不论在什么情况下都是点食不进的，你就是强迫他吃他都是不吃的。他的艺术和荣誉感禁止他吃东西。”饥饿美食家呢，肯定度日如年、如坐针毡，所有的政治信仰、道德观念都面临严峻的考验，随时可能发生动摇。假如他是一个被囚禁的俘虏的话，恐怕只需隔着铁窗冲他挥动一副刚出炉的大饼油条，他就会迫不及待地招供了。比用美人计还灵。有什么办法呢，他不爱江山、不爱美人，只对美食情有独钟。就剩这点嗜好了！如不给予满足，多么残忍。相反，只要美味在口，即使铁笼监禁、坐井观天，他精神上照样能获得最大的自由。这是无形的翅膀，帮助他在味觉里飞、在幻觉里飞、在身体里飞、在栅栏的空隙里飞……以食为天。

艺术家形而上的精神追求，克服了肉体的饥荒。但我不认同美食家就是形而下的。在我眼中，美食家同样也是艺术家，只不过是跟那饥饿艺术家相反的艺术家，他的精神追求和肉体感受是统一的，水乳交融。饱暖则喜，饥寒则忧。甚至可以说，美食家才是最“阳光”、最满足的行为艺术家，不著一字，尽得风流。而把饥饿当作行为艺术，作秀的痕迹太浓，也忒残酷了。没有谁会羡慕这样的职业，正如卡夫卡所描写的，这门艺术的票房收入越来越差了。

美食则是最贴近人间烟火的艺术。以油盐酱醋为颜料，以锅碗盘碟为画板，以刀叉筷子为画笔，画出一幅幅色、香、味、形俱全的作品。美食家的艺术荣誉感，是涉猎那些凡夫俗子难以品尝到的滋味。这样的艺术探索也是无国界的，无止境的。

饥饿美食家，比饥饿艺术家更让人同情。让美食家挨饿，是顶不幸的事：他的舌头、胃，顿时成为身体里的囚徒。这相当于让歌唱家失去歌喉，让舞蹈家戴上镣铐。

美食家恐惧饥饿。其实，饥饿恰恰是美食艺术的原动力。愤怒出诗人，饥饿出美食家。许多人，正是在饥荒岁月里培养起对美食的近乎宗教般的虔敬与渴求。饥饿是一座学校。美食家的创造力，包括他的敏感、狂热，是受饥饿驱动的。扩大了说，整个人类，为抵御饥饿的洪水猛兽，而发明、创造出种种美味的食品，构筑起坚不可摧又妙不可言的堤坝。

让美食家挨饿，没准会促使他产生新的灵感，又臆想出几道菜式呢。叫化鸡之类，不就是这样产生的吗？

俗话说，饥饿是最好的调味品。饥饿的时候，吃什么，都是美食。

我的朋友阿坚提出如下的问题：中国人是世界上最会吃的大民族，相反，世界上饿死的最多是中国人（人数），世界上的国内战争因饥饿而爆发最多的是中国（如农民起义）——为什么挨过饿的民族反而更重视吃的艺术？这还用问嘛。饿是最基本的馋，馋是高级阶段的饿。一个原本就馋嘴的民族，在挨饿中，自然变得加倍的馋了。它不得不想一些方法，在原材料匮乏、单调的前提下，尽可能多变出一些花样来抵饿，来止馋，来满足口腹中的种种欲望与幻想。就像西方的帝国，为了侵略、扩张，或彼此争夺殖民地，而发明出式样繁多的枪炮一样。

战乱（无论热战或冷战），激发了西方人对武器的想象；饥饿，激发了中国人对美食的想象。在整天琢磨着怎么吃舒坦点的美食家眼中，研制原子弹、巡航导弹或导弹防御体系（据说美国人已在开发太空武器了），那才是吃饱了撑的！有那工夫，有那精神头儿，还不如下厨煮几枚茶叶蛋呢。这才是神仙过的生活。

什么是吃的艺术？就是艺术地吃，或者说巧妙地吃。美食家掌握了吃的艺术，当然称得上是艺术家了。他的艺术经验、艺术感受、艺术梦想，来自人性与食性的关系。他如数家珍地盘点着远远近近的食物，排列组合，使之构成一支庞大的交响乐团。而他手中的筷子就是挟风带雨的指挥棒。只要演出开始，他就不愿意谢幕……对于这样的人，怎么能让他挨饿呢？

谈论饥饿美食家，我居然想起孔子。孔子堪称中国最古老的美食家，提出“食不厌精、脍不厌细”的口号，已成真理。可这位既有实践又有理论的美食家，也是挨过饿的。他风尘仆仆地率领徒子徒孙周游列国，饥一顿饱一顿的，仿佛丐帮之始祖；向王侯将相们套近乎，说白了为混碗饭吃。作为儒家文化的创立者，他是在捧着金饭碗讨饭啊。可金饭碗也有断炊的时候。譬如公元前489年（鲁哀公六年），吴楚争战，孔子困于陈蔡之间，绝粮七日，只好挖野菜清炖了充饥。估计当地太贫瘠了，除了杂草丛生，实在找不到其他食物，否则“叫化鸡”极有可能被孔子发明出来。孔子的一个学生，叫宰予的，在挖野菜的过程中饿晕了过去。子路、子贡，都满腹牢骚。唯有孔子，喝下一碗野菜汤后，不觉其苦，反而精神抖擞地弹起琴来唱起歌，并且安慰心灰意懒的弟子：“君子达于道之谓达，穷于道之谓穷。今丘也拘仁义之道，以遭乱世之患，其所也，何穷之谓？故内省而不致于道，临难而不失其德。大寒既至，霜雪既降，吾是以知松柏之茂也。陈、蔡之厄，于丘其幸乎！”不愧为圣人，把饥饿视为一种幸运，一种磨炼。

饥肠辘辘的孔子，咀嚼着异乡的野菜的孔子，用弦歌鼓舞来自我陶醉的孔子，不仅是一位饥饿艺术家、饥饿美食家，更是一位饥饿哲学家……

快菜与慢菜

饮食首先是属于时间的事情。甚至可以用来计时：吃顿饭的工夫，喝杯茶的工夫……形容时间的短促而有效。至于烹饪的过程，更是大有讲究。火候的把握尤其重要。猛火炝炒鲜嫩的时蔬，精确到分钟乃至秒，好厨师还会把从灶头倒入盘中、直至端上桌的时间计算在内，以免色泽变暗、质感变老。我想起古代传说：某著名刽子手，手起刀落，死囚的人头掉在地上打着滚儿，还在赞叹“好快刀！”既然有快，就有慢。文火慢炖，需要耐心。最费火费事的当算熊掌。“记不清是古代哪个君王，死到临头，想吃熊掌，实在是一条计谋。因为熊掌难熟，可以争取点时间，等救兵赶到。”（车前子语）《清稗类钞》介绍烛火熏掌的“土办法”：先用砖砌成高四尺的酒筒，上口仅能放一只碗，内置熊掌及各种调料，加以密封；其下燃一支长长蜡烛，以微火熏一昼夜，汤汁不耗而掌已化矣。如此精心设计的“烛光晚宴”，品尝之后，“口作三日香也”。

据朱伟先生讲解，昔日谭家菜中，有红烧鲜掌：“先将掌放锅里的竹箅子上，加葱、姜、酒煮，用小火㸆一小时后拆骨。然后把拆去骨的掌肉再入在竹鼻子上，把鸡鸭的腿肉、冬菇、冬笋、口蘑、干贝、火腿片均盖在上面，放糖色，在锅内㸆四小时，使掌中的脂肪软化。㸆完后，盖在上面之肉与辅料均弃之不要，掌入盘中上蒸笼再蒸两小时。蒸完后将口蘑码于掌上，使之黑白相间，勾棕红色芡汁浇淋。”这哪是做菜呀，分明像在研制原子弹，或者说，是研制定时炸弹。整套程序错综复杂，而每一道工序，都要精密地用时间概念来衡量。如果指望现做现吃，守候在锅灶边，非饿晕了不可。估计要从日出等到日落吧。鲜掌还可清炖，但也快不到哪儿去：“先用鸡鸭以小火煮汤，熊掌、冬菇、冬笋各用开水氽一下，与火腿、干贝同时入砂锅，以鸡鸭为底汤炖三小时，汤鲜爽口，掌糯味浓。”慢工出细活炖制的熊掌，自然会引诱得孟子那样的老学究，也忘了师道尊严，直呼“我所欲也”，并且立场坚定地“舍鱼而取熊掌”。熊掌，是中国饮食中的“大彩”。烹调的过程却相当于一场马拉松：“规定有泡、发、焖、刮、剔、浸、漂、切、煨，以及扒、烧后续加工等十几道工序，要用猛、旺、大、文、小、微等七八种火功。烹制加工的时间，至少在三天以上。讲究一些，要一个星期。精细繁复的加工工艺，难度极高的技术要求，连许多厨师都没有听说过。这就是在精神上把很多人彻底征服。”（符中士语）会做熊掌的厨师，肯定能获得“高级职称”的。体力也相当于运动员。

熊掌，太不把时间当时间了。为了一顿饭，要花费好几天的工夫，究竟值还是不值呢?

现代人不吃熊掌了，一方面因为熊是受法律保护的珍稀动物，另一方面，是根本耗不起那时间。快节奏的社会，谁还有闲情逸致在文火上慢炖熊掌一类难熟的食物？流行的是立等可取的快餐，是易拉罐与方便面。

在钟表发明之前，古人烹饪时，如何计算时间？莫非使用沙漏？一边看沙漏，一边炖砂锅。袁枚的《随园食单》透露了相关的信息：“建莲虽贵，不如湖莲之易煮也。大概小熟抽心去皮后，下汤用文火煨之，闷住合盖不开视，不可停火。如此两炷香，则莲子熟……”他老人家炖莲子汤，烧香计时。袁枚有许多才貌双全的女弟子，红袖添香，不是照料他读书的，而是为方便他炖莲子汤掌握火候。边烧香边煲汤，确实比现代人边煲汤边频频看表，要儒雅得多。烧香又像在祈祷，祈祷美景常在，美味常在。香烟袅袅，无论插在书房里还是厨房里，都构成缠绵悱恻的赞美诗。

读当代菜谱，里面的计量单位都像化学实验一样精致：肉半斤或几两，姜几片，葱几根，糖、盐、味精各几钱……唯独忽略了时间。我想，还应该注明：炝炒者需几分钟，炖煮者需几个小时……有了时间概念，菜谱才算完整。虽然对于习厨者来说，不仅在床头，而且在炉灶上，最好都要摆一只闹钟。

传统的胃

曾经听时装模特瞿颖说过：自己的胃很土，不习惯西餐，最爱吃家乡风味的湖南菜——嗜辣成性，脸上常长出“小痘痘”来，给拍戏上镜造成麻烦，但也无悔。我又想起另一位湖南人，除了对辣椒一往情深，还终生爱吃红烧肉（红烧肉也就出名了）。领袖的胃口很好，也很富于中国特色。据说他年轻时常吃长沙火宫殿的油炸臭豆腐干，新中国成立后还去吃过，说了一句话：“火宫殿的臭豆腐还是好吃。”“文化大革命”期间火宫殿的影壁便出现了两行大字——“最高指示：火宫殿的臭豆腐还是好吃。”这个典故是美食家汪曾祺告诉我的。由此可见伟人也有一颗平常心。

北京有好几家专卖毛家菜的餐馆，一律悬挂着毛泽东的画像与图片。我们在领袖的注视下进餐，感觉很神圣。况且，湖南菜确实容易使人胃口大开，饭量大增——白米饭是在陶钵里蒸熟的，散发着谷物特有的清香。我虽非湖南人，却也爱上了湖南菜——同样是辣，湖南似乎比湖北、四川、云贵还要地道。只能如此猜测：湖南的辣椒最正宗？四川人自称“不怕辣”，云南人自称“辣不怕”，湖南人则号称是最能吃辣的——“怕不辣”。真有意思啊。中国的饮食文化也带有种种地域性。所谓的几大菜系其实划分得太笼统了。

作为我个人，对各地的饮食（包括许多少数民族地区的）都能兼容并蓄，唯独对西餐似乎有抵触情绪。拿起沉甸甸的刀叉来就没了食欲——远远不如使用筷子那样得心应手、游刃有余。估计武林高手也是很忌讳换用不熟悉的兵器。这不完全是出于形式主义的偏见，西餐的内容（包括原料、调味品、烹饪方法）也跟我的味觉小有隔阂——归根结底，或许还是文化上的隔阂吧。总觉得挥刀舞叉有大动干戈之嫌，不像是正经吃饭，倒像是小型的阅兵式。况且盘中带着血丝的嫩牛排、生鱼片，总给我以“半成品”的印象，不敢下口——恨不得请厨师端走，加工成“回锅肉”也好。尤其是去俄罗斯旅行，连吃了半个月的火腿肠、红菜汤、烤面包片（包括毛泽东批示过的“土豆烧牛肉”），怀疑自己的胃都麻木了。做梦都想吃一碗白米饭加辣子鸡。那时候才认识到：中国菜真是太好吃了，中国的饮食文化才是最丰富、最奇妙的。中国人才是最有口福的。难怪中国人在海外开餐馆一样能发大财呢。至今不爱吃西餐，甚至对麦当劳、肯德基都敬而远之——请不要说我落后于时代、落后于世界。我承认，我长着一个很土气的胃、很保守的胃、很古典的胃。谁叫中国菜使我无法厌倦的？或许，胃也同人一样，有着国籍、种族、方言抑或信仰，有着自己的传统。中国人有着自己的胃，中国有着自己的食神。我从来不为自己的胃自卑。我永远为自己民族的食神感到骄傲。

童年的食物

穷人家的伙食自然不能跟富人家的伙食同日而语。但穷人家的孩子也许比富人家的孩子对此有着更深刻的记忆——因为他有过饥饿的体验。俗话说饥饿是最好的调味品——它甚至还能构成记忆里的味精。在经常赶赴各种宴席、连山珍海味都觉得索然无味之后，我反而挺怀念童年的食物，包括童年的饥饿。

我是在南京中华门外的奶奶家长大的。那一条街道堪称是贫民窟，家家户户门口都用捡来的红砖砌成炉灶——是烧柴禾的。一口漆黑的大铁锅，是一家人的吉祥物。每隔一段时间，奶奶都要在这口锅里用肥猪肉（又称肥膘）炼一次荤油。切成丁的肥肉在油锅里哧哧地翻滚着，我站在锅边，等着吃刚捞出来的焦黄的油渣——蘸点白糖或盐都可以。在清汤寡水的生活中，这简直是我的节日。我津津有味地吃着任何菜谱里都不曾记载的食物。而我，也无师自通地体会到了所谓美食家的快乐。

炼好的荤油装在瓶瓶罐罐里，冷却后变成乳白色。那时候豆油、菜籽油、花生油之类都凭票供应，老百姓的一日三餐常常要用荤油代替。直到现在我还认为：荤油炒的菜或许进入不了大雅之堂，可确实香啊。那洋溢着真正的人间烟火味。

做阳春面是少不了荤油的。挖一勺荤油，加点酱油，洒上葱花，用热汤一浇，就是最好的汤料（不亚于现在的康师傅）。对门的汤祖兵（我的小学同学）每天早上都抱着这么一碗，蹲在台阶上吃，香气直冲我的鼻子。但我们家更喜欢汤料稍少的那种——俗称“干挑”。把面条在碗里搅拌着，吸干了汤汁，再加点切碎后腌制的红辣椒——变成了酱油色的面条被点缀的红辣椒衬托得格外诱人。这是否有点像武汉的热干面？有了荤油，连面条都变得像肉一样好吃……长大后我吃过各种各样的面条，从担担面、打卤面、炸酱面到加州牛肉面，觉得没有谁能比得上童年的“干挑”。是饥饿感使之变得无比美味，还是因为我的嘴变“刁”了？

奶奶最擅长做的菜饭，也是需要用荤油的。所谓的菜饭，即把青菜拌在米饭里一起煮，加适量的荤油和盐。可分为干的和稀的两种。寒冷的冬天喝一碗菜稀饭，浑身都暖融融的。至于菜干饭，副产品是香喷喷的锅巴。趁热吃不完的话，奶奶便会将其从锅底铲起卷成一团。饿的时候撕一块在碗里用开水一泡，可以代替早点或夜宵。

这次回故乡，和弟弟在高楼群里散步。弟弟突然吸了吸鼻子，“这是谁家做菜饭的香味？”我们顿时抬起头打量那一扇扇灯火通明的窗口。这早已被忘却的菜饭，使我童年的记忆复苏了。想不到现在居然还有人会做——她（或他）真是幸福的。我那已经在天堂的奶奶，什么时候能够再给我做一次菜饭吃呢？

我叔叔当时在附近的溧水插队，每位知青回家过年时都能够分到半拖拉机的红薯。家里便特意搭了个棚子储存。饥饿不再是致命的威胁了，奶奶脸上有了笑容，变着花样地用红薯喂养一家人。菜饭便变成了红薯煮饭。或者直接用切成块的红薯煮汤喝（加点红糖）。除了把红薯削皮当作水果生吃之外，每次开伙时，都会往炉膛里扔几只红薯，最后从将熄的灰烬里扒出来——已变成焦黄的烤红薯了。

可能那几年里我把下辈子的红薯都已经吃够了，直到现在，遇见街头烤红薯的摊子，哪怕香气扑鼻，我一般也不会掏钱买来吃。

逢年过节时我们能吃到一些便宜的鱼类。奶奶做的红烧带鱼是一绝。有时候用盐腌制几条，像银光闪闪的皮带一样晾晒在院子里，我们又称其为“咸干鱼”。“咸干鱼”在我们南京，又常常用来比喻那些脸皮厚的懒人。当时还有一种比带鱼更便宜的海鱼，好像叫“橡皮鱼”，需剥去厚皮后烹饪。我觉得味道挺好的。可成年后再没在菜场里见过这种鱼卖。因为人们的生活水平提高了，还是因为它已灭绝了？我怀念橡皮鱼，就像怀念一个消失的幻影。

吃猪肉，连肉皮都舍不得浪费。家家户户门框上都悬挂着几串晒干的猪皮。积攒到一定程度，会在油锅里炸成皮肚。做大杂烩（各种剩菜的组合）时，皮肚是少不了的。穷人真会吃、真会过日子啊，连肉皮都能变成酥软可口的美味。类似的例子还有很多。没有肉时，蔬菜汤里会搁几根扯断的油条，泡烂的油条便成了“人造肉”——至少，汤里会有点油星。

我还吃过炒面（志愿军在冰天雪地的朝鲜前线的干粮），加点荤油与盐，用开水一冲，搅拌成面糊糊。还吃过江南特有的炒米。一碗红糖泡炒米，是接待客人时的点心。

读小学后，奶奶每天给我几枚硬币，让我上学路上自己买早点吃。我便有了最初的“下馆子”的感受。那一条街上的小吃店全吃遍了。最爱吃的是蒸饭包油条。伙计把热糯米饭（还有的是紫米）摊在纱布上，裹上油条，再把纱布翻卷起来，用手捏结实——揭开纱布，棒槌状的蒸饭包油条便可以直递到你掌心。用烧饼夹油条也可以——梁实秋去台湾后，对此仍赞不绝口，特意写进文章。还有炸麻团、馄饨、葱油饼、肉包子或菜包子、烧卖、豆腐脑什么的。那时候，在我眼中，早点似乎比正餐更丰富，更有挑选余地。

有一天，叔叔买了刚出炉的焦黄的烧饼，倒一碟子麻油蘸着吃。他还让我照他的方法尝一块。我试了，果然不同凡响。烧饼本身就够香了，再加上麻油，那不是香上加香啊。我对寡言少语的叔叔顿时刮目相看：他可真懂得享受啊……这是我一生中遇见的第一位美食家。

若干年后读到金圣叹的名言：“花生米和豆腐干一起嚼，能吃出火腿的味道。”我不由得想起了叔叔，以及他所“发明”的烧饼蘸麻油的吃法。看来美食家不见得是富人的专利。

我还有个姨娘，特别会做红烧龙虾，每年夏天都要邀请我去她家吃一顿。这里说的龙虾可不是如今海鲜馆里价值千金的什么澳洲龙虾，而是江浙一带盛产的长在河里湖里的淡水小龙虾。用辣椒和酱油烧了，我一口气能吃一大盘，直至面前堆满剥下的虾螯与甲壳。尤其是那虾黄，在我的味觉中是人间最鲜美的东西。听大人说河豚肉是最鲜的，但我估计也不过如此吧？总之，姨娘做的红烧龙虾，是我童年最难忘的一道大菜。

前天我还在酒楼里吃到澳洲龙虾。摆在酒席当中，威风凛凛，像一员披甲戴盔的老将。我家乡的淡水龙虾与之相比，只能算“微型小说”了——或微缩景观。虽然体形相差很大，我仍然从它身上看到了家乡的龙虾的影子——甚至还唤醒了童年的记忆。可惜我小时候，根本想象不到龙虾也会有这样的庞然大物。就像在一个周游世界的人眼中，家乡会变得小了。而在此之前，则曾经以为家乡就是世界的全部。

童年的食物，离我越来越远了。即使能再吃到，恐怕已非原初的味道——至少，已非原初的心情。在似曾相识之外，它会给我赝品的感觉。或许，食物并没变，而是我变了。

以上是我童年的食谱(或是其主要的部分)。

是否过于简单了?

但今天晚上，我实在一时想不起更多的什么了。

仅仅这些，已经足够我回味了。

我是依靠这些平凡的食物而长大的。我以回忆的方式，来表示感激。

我对它们永远有一种饥饿——那是对往事的饥饿，对流逝的时光的饥饿……

从麦芽糖到巧克力

我的童年，或者说我们那一大批孩子的童年，恰恰伴随着这个国家最贫困的年代。所以我们童年的欢乐，在今天看来也是极其平淡、极其有限的欢乐。但当时并没觉得缺乏雨水、缺乏充足的光照，我们和今天的孩子一样，满世界晃悠，睁着玻璃弹珠般的眼睛，伸出脏兮兮的小手，甚至以嘴角悬挂涎水的幼

稚的姿态，贪婪地寻找着、索取着、占有着贫穷的生活中哪怕一丁点小小的刺激。作为一种善意的补充，就让我在富裕的时光里尽情回忆一番童年吧，童年的滋味——首先从童年的零食开始。

那时候最盼望的是过年。过年意味着收获：新棉袄的衣兜会揣上一只废弃挂历折叠的纸钱包，钱包里塞满挺括的崭新角票和锃亮的硬币。压岁钱使我们一夜之间成为小小的富翁。我偷偷地和既是街坊又是小学一年级同窗的汤与张，相约着步行四站路（节省车票钱），去三山街吃刘长兴小笼包子。这家老字号做的小笼汤包，皮薄得近乎透明，用筷子夹在空中，能获得肉汁在里面晃荡的摇摇欲坠的手感。内行的吃法是浅浅地咬一豁口，然后猛地啜吸，把滚热鲜美的汤汁一饮而尽，那可真是气贯长虹、沁人肺腑。好不容易才缓过神来，慢慢对付搁在醋碟里的皮和肉馅——它们软塌塌地蹲着，像刚刚失去了灵魂似的。一屉共 12 只，三个小伙伴凑钱点一屉，意犹未尽，互相用眼神商量一番，还是放弃了再来一屉的打算。那年头肉太贵，尝尝鲜、解解馋，适可而止。于是埋头把碟子里沾上肉汁的镇江米醋也喝了，咂咂嘴依依不舍地从包子铺里鱼贯而出。很多年过去了，他们的身影在我眼前飘动。如果我今天遇见这样三位小男孩，愿意请他们吃到厌倦为止，以安慰满足他们当时完全靠意志克制下去的欲望。

即使如此节制，刘长兴小笼包子也难得一吃。半个月后，我们转移到中华门城堡附近的秦淮区国营元宵店吃赤豆元宵与酒酿元宵——前者以豆沙、后者以酒糟为汤料，下一锅比中药丸稍小的袖珍汤圆，因白糖需凭票供应，元宵多搁的是糖精，汁液黏稠，甜美无比（看来人的味觉很容易受欺骗的）。再半个月后，能吃上一碗素斋馆里酱油汤表面漂浮几星小葱花的阳春面，也算很爽口、很高贵的事情了。我们更多光顾的是街头私人的馄饨挑子——一头是小煤炉和煮着化石般顽固的骨头汤的钢精锅，另一头的桌面上摊主正手势飞快地包着馄饨。因市场上猪肉供应困难，肉馅大都以剁碎的老油条再搅拌少许的五花肥膘来代替，即使这样的馅，摊主也极爱惜地以筷子尖蜻蜓点水地沾那么一点，裹在面皮里一捏就算完事了，像邮局里用糨糊黏合信封一样机械地复制。寒冬腊月的夜晚，端一海碗撒了一层红糊糊胡椒面的民间的馄饨，站在屋檐下边吹气边吃，吃得满头热汗，像刚爬了一座山似的。哦，发麻的舌头上的高山。

寒假结束，开学后，南京城各所小学校的门口都有卖零食的摊贩聚集，专门诱惑往返路上或课间休息的小学生。我的红梅巷小学，沿街三三两两的摊贩主要是退休的老头老太太，捡一块工地上的红砖做凳子，两膝中间放一只俗称“猫叹气”的带顶盖的大竹编篮子，隔成许多空格，分门别类地摆满炒葵瓜子、五香花生米、糖炒栗子、橄榄、蜜饯果脯之类。我至今仍记得，一分钱能买七颗上海的五香桂皮豆。而南京小孩把带酸味的果脯（不管是用杨梅、青杏、芒果丝还是剖开的毛桃片渍制的），一律叫作梅子。一想到吃梅子，口齿生津，舌头上的每一个细胞都活跃起来。尤其一种叫巧酸梅的，因外裹盐粒，含在口中先是感到咸涩，五分钟后其酸无比，令人皱眉作痛苦状，随着唾液的分泌和冲淡，回光返照般出现了浓郁的甜味；甚至薄薄一层干瘪的果肉被剥离吞咽，那坚硬的小核含在舌床上依然潜流脉脉、五味俱全。话梅堪称对人的味觉的调戏。既无营养，又不抵饿，只求获得味觉上的放纵。我想起了“望梅止渴”的典故。如果没有味觉上的诱惑，如果人类的舌苔铁板一样厚实，那是怎样一种可怜的麻木呀。

那时候塑料袋尚是奢侈品，卖零食的地摊上，大多搁一叠拆散的旧书页或裁成小方块的废报纸。买一角钱的话梅，摊贩会把纸卷成三角形、漏斗状，装入食品后再轻巧地封顶。经常见到梳羊角辫的女生三五成群，人手一纸袋奶油瓜子，边走边嗑，把壳吐向风中。那一瞬间，她们恐怕觉得自己幸福得像个公主。那个清贫的时代的小公主们哟。后来出现了糖纸绘有金鱼吐泡沫图案的泡泡糖。小女生们又迷上了。常见她们一个接一个腮帮鼓得溜圆，吹出小气球般的大白泡泡——我们还没来得及喝彩，又一个接一个啪地破灭了，就像梦一样。一行排着队吹泡泡糖、制造生活假象的女孩子，穿着朴素的衣裳，在操场上接受阳光的检阅。就像梦一样，那一张张美丽又稚嫩的脸出现了，又消失了。她们今天都在哪里呀?

漫长的夏天，梧桐树都热得直吐汗津津的舌头。校门口卖冷饮的摊点，应运而生。老太太坐在树荫下守着一只刷过白漆、覆盖棉被的大木箱，手持小木板在箱盖上脆生生地敲击着:“冰棒马头牌！马头牌冰棒！”据说这种吆喝如同《红灯记》里“磨剪子来戗菜刀”的接头暗号，很早以前就流行了。赤豆冰棒和桔汁冰棒，四分钱一根。奶油冰棒则五分钱。我们手持冰棒慢吞吞地吮着，尽量延续它溶化的速度——闷热的夏天，如果有一根永远含不化的冰棒该多好。那时候喝一回汽水是很贵族的，三毛钱一瓶的桔子汽水，对于怀揣叮当响的硬币的学童来说，无异于今天的人头马洋酒。喝一回汽水，夸张地打着嗝，揉着小肚皮从伙伴们中间穿过，是很值得炫耀的。早期的冰淇淋装在护肤霜盒大小的圆纸筒里，用小木片勺刮着吃，我们轻易不敢问津，而倾向于更平民化的奶油冰砖，简易的纸包装，形同香烟盒大小，一毛钱一块。今天的孩子们恐怕已不识冰棒、冰砖为何物——它已从市面上绝迹，而冰淇淋的花样则翻新为百十种之多。

长干桥头有两位安徽口音的壮年男子，守着一板车紫红的甘蔗和一架生铁锻制的压榨机，榨汁后论杯卖。我们挤进人圈里看热闹，看一段段甘蔗被填进去，又钢水般灿烂地从炉膛里涌出，遍地都是发白的干燥的渣滓。桥的另一头有浙江来的农民炸炒米（外省叫爆米花），把生米（或黄豆、玉米）掺一匙糖精密封进带手轮的圆柱形黑铁罐里，在带手工抽风机的炉火上反复转动、加温，待罐内气压增强到一定程度再撬开铁盖——每逢此时围观的孩子纷纷用双手捂住耳朵，听“轰”地爆炸声，白花花的膨化的炒米倾泻在预备好的大竹筐里。甘蔗压榨机和炸炒米的火罐，是深入我童年记忆的两部机器。我的铁与火的原始记忆。我曾经像印第安人围观美国西部试运行的小火车一样，诧异地关注着它们。

走街串巷的收破烂的货郎，很聪明，他们兼卖麦芽糖，糖筐在扁担的另一头挑着。听到手摇的铜铃声，孩子们会从家的各个角落搜罗一些牙膏锡皮、罐头瓶子甚至废铜丝之类，换糖吃。戴草帽的货郎漫不经心瞥一眼我们双手呈上的旧物，用眼神掂量和估价后，也不说话，极吝啬地用小锤和铁片从大如锅盖的金黄麦芽糖边缘啪一声敲击窄窄的一条，对我们不满地噘起的小嘴视而不见。他就这样把我们幼小的心灵给伤害了。

童年的馋，像一条抽丝剥茧的恶作剧的虫，仿佛至今仍萦回在我唇边。童年的零食，曾唤起孩子们巨大热情的零食，却都已遥远了。那种热情也遥远了。小学毕业，父亲出差从北京回来，捎给我一块铅笔盒大小的进口巧克力。剥开耀眼的锡箔（那简直是金属般的轻音乐），我在这陌生的食品上留下牙印，融化了的巧克力如同电流穿过我的口腔，我快乐得都要晕眩了，在幸福的阳光下眯缝起眼睛。这是一种我从来不曾想象的滋味，在我的世界之外存在着。充满浪漫色彩的巧克力，构成一个孩子的天堂。从麦芽糖到巧克力，一个时代的孩子们赤脚走完了童年贫穷的道路。随着第一块巧克力的出现，我的童年也就结束了。未来的孩子们的童年，是用巧克力铺垫的。

卫岗的牛奶

我小时候住在南京中山门外的卫岗。卫岗的牛奶在全市很有名的。这儿有一家牛奶厂，后来又改叫乳业公司。我每天路过，隔着低矮的围墙，看见青草如茵的山坡，散布着一群群黑白相间的奶牛，颇像谁在蓝天白云下下围棋似的。一张混乱却又体现出神秘的秩序的棋盘。草香味、奶腥味、牛粪味扑面而来。让浏览这幕充满田园情调的风景的过客难免有点“晕”。我没去过内蒙古，却能够充分想象出草原的盛况。因为家门口有一块微缩版的草原。

远处一排排简单搭建的牛舍，有穿胶靴、拎铁桶的工人出入。估计他们是去挤奶的。附近还有一片厂房，给新挤出的牛奶消毒、包装的。卫岗的牛奶，从流水线上走了一趟，就被盛进可爱的奶瓶里，运往南京的万户千家。牛奶厂好像还生产奶粉等副产品。尤其一种奶油冰棒，夏天很受欢迎。夏天的南京是个大火炉，街头巷尾都有老大妈用快板一样的木块，有节奏地敲打用棉被覆盖的装冷饮的木箱，模仿老电影里的台词叫卖：“冰棒马头牌！冰棒马头牌！”

我在卫岗，与奶牛做邻居，也就更能理解课本里刚学到的鲁迅的话：“吃的是草，挤的是奶。”奶牛在人类眼中，无疑是正面形象，如劳动模范。

卫岗的奶牛，在旧时曾经是“御用”的。明孝陵与卫岗之间，梅花山麓，有原中华民国总统官邸，俗称美龄宫。宋美龄住那儿时，令人从美国进口数十头奶牛，饲养在卫岗。这样她不仅每天都能喝上新鲜的牛奶，还能痛痛快快地洗牛奶浴。难怪她的容颜与皮肤保养得那么好呢，原来天天用牛奶洗澡，简直比唐朝在华清池泡温泉的杨贵妃还胜一筹，也算一种奢侈的美容“偏方”吧。

而在那个时代，中国的大多数老百姓，根本喝不起牛奶，甚至还停留在半饥饿的状态。

南京人都知道宋美龄用牛奶洗澡的典故，也都知道蒋夫人的私人牧场即卫岗牛奶厂的前身。他们一边谈论这前朝的红颜遗事，一边直咂嘴：啧啧，宋美龄每天都要消耗满满一浴缸的牛奶啊——还不包括她和蒋介石饮用的。我在旁边听到，总要联想起政治课上老师所揭露的资本主义社会的丑恶：资本家宁愿把牛奶倒进大海里，也不愿施舍给穷人喝。

宋美龄洗浴过的牛奶，是否也通过下水道，流进秦淮河里，抑或扬子江里？参观美龄宫，我最想寻找的，还是那豪华的浴缸。它已经干涸了几十个春秋。

一朵鲜花，插在了牛奶里（而不是牛粪上）。宋美龄好福气哟。她这一辈子消耗的牛奶，恐怕可以汇聚成一个西湖了。至少，是一个瘦西湖。

前一段时间，媒体报道宋美龄在大洋彼岸逝世。她晚年孤独地侨居美国，是否怀念南京的旧宫，以及卫岗的牛奶？唉，美人也会老的。

卫岗的牛奶，因为宋美龄的缘故，在我想象中，总有一股香艳的气息。正如人们觉得秦淮河水，散发出六朝的脂粉味。

我父母是南京农业大学（前身为南京农学院）的教师。农业大学与卫岗牛奶厂仅一墙之隔。近水楼台先得月，我也是喝卫岗的牛奶长大的。父母年轻时曾留学苏联，习惯了牛奶面包的西式早餐。他们挺舍得花钱订牛奶，每天早晨都有送奶工准时将两瓶鲜奶搁在我家窗台上。后来，喝牛奶的人越来越多了，或者说，牛奶越来越大众化了，学校建起了送奶站，订户每月发一张日历牌般的卡片，取一次奶画一个勾。奶瓶子叮当响。

直到我 18 岁孤身去外地闯荡，才远离了卫岗的牛奶。这是我人生的另一重意义上的“断奶期”。

一晃，又是整整 18 年了。我变得越来越沧桑了。回想在故乡成长的经历，恍惚觉得像是上辈子的事。

再回南京，发现美龄宫还是旧模样，而卫岗牛奶厂，已拆迁了。老地方，竖起了一排排的商品房。牧牛的草场，彻底消失了。楼群间的绿地，只有巴掌大。我好不容易回来一趟，为了找自己的影子。可现实却把它藏起来了。

江浦的吃

20 世纪 70 年代，父母作为农学院的教师，从南京城里下派到长江对岸的江浦农场。我和弟弟，也就转入农场的子弟小学。一家四口，相依为命地度过了一段清贫然而其乐融融的时光。至今想起，仍觉得那是一生中含金量极高的记忆。像童话或田园诗一样单纯、自足且不可复得。

既然说到一家四口，所谓的生活，必然是从四张嘴开始的。饮食所带来的回味，构成记忆中的记忆。我就说说江浦的吃吧。

农场有集体食堂。墙上挂一块黑板，用粉笔潦草地写着当天的菜单。经常有错别字，譬如把“肉丝炒韭菜”写成“肉丝炒九菜”，“香椿炒鸡蛋”写成“乡村炒鸡蛋”，诸如此类。我虽然才读四年级，也看得出来，总想踮起脚替他们改一改。好在字虽然写错，菜却炒得不错。大锅菜，喷香。我们家总是排队从窗口打两菜一汤，装在大小不一的搪瓷碗里，端回宿舍吃。就着馒头或糙米饭，每顿都吃得很干净。

吃中饭的时候，总要打开半导体，听中央人民广播电台的长篇小说联播节目——《万山红遍》、《新来的小石柱》、《夜幕下的哈尔滨》之类。这是最好的调味品。饭快吃完时，半小时的节目挺吊人胃口地中止了，“且听下回分解”。于是盼望着第二天早点到来。晚饭的钟点，可以听到重播。

日子就这么一环套一环地飞快流逝。虽然朴素，却并不觉得乏味。

农场有养鸡场、猪圈、鱼塘，还有果园、稻田、菜地。食物充足，甚至比城里吃到的还要新鲜。大食堂的那一道道家常菜，别有风味。我最爱吃的炒三丁，系将肉丁、土豆丁、黄瓜丁一起大锅烹炒，浓稠的汁液拌进米饭里，绝对让人吃得碗底朝天。每逢节假日，大师傅更想显显身手，做粉蒸肉、狮子头、糖醋排骨、熘肥肠、火爆腰花，等等。小黑板写得满满的。我一边咽口水一边“思想斗争”，不知该挑选哪几道为好。

后来我们家逐渐熟悉了环境，吃食堂之余，也想开开小灶。用煤油炉，下点挂面，拌在调好猪油、酱油的海碗里，洒一撮葱花。嘿，味道不比餐馆里卖的阳春面差。尤其寒冷的冬夜，能吃上这样的夜宵，全身心都暖洋洋的。

父母的手艺，在这只煤油炉上越练越棒。蒸蛋饺、炒年糕、炖肉汤，花样越来越多。他们是教师，原本手上总端着课本，现在也捧起菜谱来看了。做菜跟做化学实验一样认真。大年夜，我们家做了满满一桌菜，很有成就感。第二天一大早，我和弟弟醒来，爬起床就去抓碗里的蛋饺吃。父母发现蛋饺少了，赶忙训斥我们：这还是半成品呢，要在汤里烩了才能吃！这种蛋饺，系用搅拌好的蛋清蛋黄在锅里摊成蛋皮，中间包上肉馅，仿佛水饺的。做蔬菜汤或杂烩汤时，加上几只半生不熟的蛋饺，待其煮透后取食，鲜美无比。可我和弟弟馋得已等不及了。

妈妈尤其擅长用面筋烧肉，或千张果烧肉。千张果，其实是将豆腐皮打成结，跟肉一块红烧，非常有嚼头，属于南京特色菜，别处较难吃到。这是妈妈从外婆那儿学来的。

爸爸则偏爱拿当地的野味做试验品。他经常去邻近的村落买一只在山上放养的柴鸡，或村民捕获的野兔。有时还到河边，跟钓鱼爱好者讨价还价，买他们新钓上来的草鱼或鲫鱼。到了后来，村里孩子见到他就推销现捉的黄鳝、泥鳅，他也照单全收。回来还直说好便宜。毕竟，他是拿着教授的工资，在农村自然像大款一样阔气。

靠山吃山，靠水吃水。江浦有山有水，够我们靠的，够我们吃的。

有一天，有一位猎人敲门，问要不要野鸭，说着从背篓里拎出血淋淋的一只。江浦一带多湖泊，我们常见到野鸭飞，却未想过能吃到嘴，父亲愣了一下，还是掏钱买下了。忙了一下午，拔毛、清洗、切块、红烧，特意从供销社买来各种调料。揭开锅吃时，却遇到一个问题：野鸭是猎人用喷砂枪打下的，肉里面有洗不净的砂粒，一不小心就会咬到，咯得牙齿生疼……最后，只好放弃。

这是爸爸在江浦做得最兴奋的一顿饭，也是最失败的一顿饭。

它相当于我们全家在江浦的荒天野地间的一次精神会餐。

食堂

我读大学时，食堂周末之夜常做舞厅用，其面积可想而知了，一到开饭时间人山人海。“加塞”的太多，于是索性都不排队了，抡胳膊伸腿的，空饭碗一律高高举过头顶。据说饭后炊事员打扫战场，没准能扫出一两只不成对的拖鞋来。

连女生窗口都插满了和尚兵，使不少穿了漂亮衣裙的小姐们急流勇退，焦急且无奈地做在水一方观望状，幸好慨然相助的白马骑士不在少数，费尽九牛二虎之力向窗口挤去……

学生食堂荤素兼备，但要么是肥肉炖土豆，要么是白水煮似的豆芽青菜，两个极端——有些蜜罐子里倒出来的学生娃这么形容。人对生活真是能挑剔则挑剔，于是增设了小炒。现在消费水平提高了，加上小锅菜速度慢，显得等小炒的学生比其他窗口反倒多些。

平心而论，吃食堂也有好多得天独厚的乐趣。上午第四节课放学铃迟迟不响，肚子饿得咕咕叫之时，食堂这个概念就变得格外亲切。拎空饭碗去教室的人数量俱增，“民以食为天”嘛，上课时偶尔有调匙无意中碰落在地上所发出的金石之声，老师和学生居然都不受干扰。谈恋爱的人更是愉快且充分地利用这一公共场所，老去双方的集体宿舍毕竟诸多不便。谁跟谁好上了，意味着两个人的饭碗将要合并，统一编制，一只装菜，一只装饭，两根调匙你来我往，好不亲密。也许确实有那么些校园情侣，多年以后回想最初的契机，会由衷地怀念那熙熙攘攘，且留有自己青春投影的场面，感谢食堂！

大学毕业，我来到另一座城市。单位里单身汉少，连食堂都没有，我只得辗转托人在邻近一家机关的食堂换点饭票。那个国家机关是军人把门，我只能趁人多时混进去，成为其食堂的额外“食客”。晚餐照例没多少人，我在冷冷清清的饭厅里默默吃完饭，联想到大学食堂的温暖如春，一切恍如昨日，心里顿时有点湿……

吃食堂成了习惯，也就用不着像饮食大众那样为一日三餐操劳。我和单位同事开玩笑：“以后纵使结婚我也不为柴米油盐、人间烟火忙碌，两人各吃各的食堂，星期天到酒馆‘撮一顿’！”同事们既羡慕我的超脱，又从根本上否定我的浪漫设想：“摆弄锅碗瓢盆自有其乐趣，那才真正像个家。”听到家这个字眼，我愣了一下，终于明白自己何以喜欢食堂热热闹闹，连拥挤或排队都被视为一份温情，因其至少给我一种大家庭的感觉。人都是害怕孤独的，只有无家的单身汉才能理解这份对食堂的依赖和热爱……

爱吃海鲜的女孩

她是个在内陆城市长大的女孩，却喜欢吃海鲜。我和她相遇在北京。北京并不靠海，却有数不清的粤菜馆——用玻璃水柜饲养着空运来的生猛海鲜，供顾客挑选。那段时间我经济状况还凑合，写文章很顺手，汇款单也纷至沓来。有一次从邮局里刚取到钱，便乘兴领她拐进隔壁的“万家灯火”，点了青蟹、基围虾、炒蛏子等几道特色菜。她有点不好意思，但掩饰不住内心的兴奋。她还在念大学，我想学生食堂的伙食应该挺糟糕吧？于是又添加了两杯鱼翅汤——不顾她的制止。

青蟹上来了，还附带有一套小巧玲珑的工具。她首先用钳子敲裂一只丰硕的蟹螯，搁在我面前的盘子里。然后才专心致志地对付自己的那一只。小女孩，还挺懂礼貌的。

剥基围虾时，她的动作也很熟练。我心弦一颤：经常有人这样请她吃饭吧？这也难怪，谁让她长得如花似玉、引人注目呢。在灯火通明的酒楼里，她像《罗马假日》里的公主——微服私访。她羞答答地冲我一笑：“我遇到自己爱吃的东西，就变得忘乎所以了。请原谅。”我也乐了：“我就喜欢你这副旁若无人的架势。”

结账的时候，账单上的数字令她咋舌，像犯了错误的孩子般愧疚：“都怪我，让你至少有几千字白写了。我给你讲个故事吧——让你写成小说，弥补弥补损失。可好？”

“你坐在我面前，就是故事了。”

话题旋即转移到海鲜的价格上。她说北京的海鲜咋这么贵呀，要是在沿海城市吃，肯定便宜不少。我说这价钱不只是海鲜的价值，还代付了空运海鲜的机票钱。她作异想天开状：“那还不如我们自己买张机票去海边，大吃特吃，过足了瘾再回来。会更划算一些。”

我把她的玩笑当真了：“可以呀。青岛就离北京挺近的。”

她考虑了一下：“那我们还是坐火车去吧，把机票钱省下来，多吃点海鲜。”

不知属于一时冲动还是期待已久，第二天我们就出发去青岛了。住在靠近栈桥的一家叫海湾风的旅馆里，门前就有叫卖新捕捞上来的海鲜的大排档。她告诉我，其实这是她第一次见到大海。她之所以爽快地同意了我旅行的方案，与其说是海鲜的诱惑，莫如说是大海的诱惑。她不会忘记一生中是谁最先陪伴她见到大海的，谁促成了一个女孩与大海的约会。凡是第一次见到大海的人，都会像初恋一样激动——我是她的证人。凡是初恋的人，都会像涓涓细流融入大海一样激动——大海是我们的证人。我和大海，使她体会到双重的激动。

游泳的人，终将从海水里回到陆地上。像一个短促的梦境——我们很快就远离了大海，恢复了平静。不知又过了多长时间，由于什么原因，我们又彼此远离了对方。一片记忆中的海，使我们会合了，又最终把我们隔开了。

这已是五年前的事情了。今年我又出差去过青岛，发现我们共住过的那家海湾风旅馆，已装修一新，变作歌舞厅了——店名也改叫金芙蓉了。这使我有恍若隔世的感觉。好在门前卖海鲜的大排档仍在。我点了一盘炒牡蛎，不知为什么，吃不出当年的滋味。是我的味觉失灵了，还是海鲜不鲜了？赫赫有名的青岛啤酒，也变得有点苦了，有点涩了。

……这或许就是五年前在北京的一家海鲜酒楼里，她跟我讲述的故事——我们并未真的结伴去过青岛。她那时已经见过大海了，是由另一个男人陪伴的。她给我回忆的是一个男人带领她第一次见到大海的往事，自始至终我仅仅是个听众而已。这并不是什么惊险的小说素材——我当时听完也就完了。今天忽然想起来了，还是把这个内陆城市长大的女孩的故事写出来吧——以不辜负她的一片好心。

酒歌

A

我肉体里有一小块干渴的土地，只有酒才能滋润它。它就在我胸膛里的最深处，巴掌大的一块农田，却像经历了持久的烈日暴晒似的，布满纵横的裂纹。我听见一群孩子咧开枯焦的嘴唇，呻吟着，嘶喊着：“渴！渴！”你说我怎能拒绝那黑暗中的请求呢？满足它简直等于满足了世界。

这是我身体里永难磨灭的伤口，男人普遍的伤口。这是一场看不见的内战，我不得不对自己妥协。受伤的男人，借助于古老的药剂，而获得陶醉。我一会儿是斗酒诗百篇的李白，一会儿是三碗不过冈的武松。隐秘的酒，改变着我的身份。

我简直以祈雨的心情，守望生命的狂欢。我内心的田亩，乌云密布。节日的冰山永远漂浮在杯中，我振臂高呼，我望风披靡。将进酒，杯莫停，举杯邀明月，对影成三人。渴！永远地渴！这是我的阵痛，这是我的心病。谁能把我内心的皱纹抚平?

血浓于水，酒又使人热血沸腾。这掌心上的盛宴，这血管里的火刑，使我重于泰山，使我轻于鸿毛。葡萄美酒夜光杯，两岸猿声啼不住，构成我命运的上游。难怪我举杯的动作，简直等于向生活致敬的仪式。肉体啊精神啊世界啊，我是爱你的。我渴！我要！

酒过三巡，我已非我。非我即真我。一只无形的手，解开我的纽扣，脱下我的外套，暴露出赤子的情怀。酒使我清醒，使我清醒地看见：肉体是一件外套，属于我的只有那赤裸着的灵魂……酒桌是我的课桌，拍案叫绝。酒杯是我的课本，一目十行。我才饮长沙水，又食武昌鱼；朝发白帝彩云间，千里江陵一日还；飞流直下三千尺，疑是银河落九天。

男人饮酒，喜欢寻找对手。酒量是男人精神上的海拔，一览众山小。拔剑四顾心茫然，花间独酌，明月是对手，世界是对手。将进酒，杯莫停，推金山，倒玉柱，对酒当歌，人生几何?

饮酒的男人，分为酒仙与酒鬼。酒仙可敬，酒鬼可爱。酒仙的宝葫芦，酒鬼的红鼻头。酒仙是阳春白雪，酒鬼是下里巴人，大雅大俗，殊途同归。前者有天子呼来不上船的李太白，后者有醉打山门的鲁智深。梦乡里的造反，醒来后被招安。有酒相助，即使不能羽化登仙，做个弹铗而歌的酒鬼也不失为自由。饮酒时才知道：做人最累！做人真难！

B

酒瓶是我的漂流瓶，我一生都在酒精的海洋上漂流。瓶中安插着一朵浪花——正如我的感情，呈现泡沫的状态。我就是那个种植浪花的人。你会在我的嘴唇上靠岸吗？瓶颈如同美人的脖子——是我喜欢抚摸的地方。亲爱的玻璃美人，让我把你抱得更紧一点。我拥有你就等于接受了上帝的礼物。我曾经与数不清的美人共舞，并且吻别；每一个对于我都是最好的。这说明我只爱过一次。仅仅一次，就不愿放弃——说明我永远在爱。拎一只酒瓶我就上路了——它的商标是我的车票。有时候把我领回四川，有时候又把我带到法国。干杯的声音像车轮滚滚。醒来才发现：我又被抛弃在中途的小站，月光照得我好冷。

我的漂流瓶是一只酒瓶，瓶中装着一封远古的来信。每次拧开瓶盖，就等于给它启封——读来读去总是同样的内容，我却总有新鲜的感受。谁每天都在给我寄信呢？我一直在做谁的读者？捡到漂流瓶的人是幸福的，你将获悉一个不为人知的秘密。拆信的手有点颤抖。这是一封被复制了一千遍的长信，我一辈子也读不完。饱受海水的浸泡，这颗遗失的心有点苦——像孤儿一样期待着我的呵护。究竟是我捡到了漂流瓶，还是漂流瓶终于找到了我？李白读过这封信，所以成了诗人。看来酒瓶里挺有学问的，我不能错过这个机会。上游的人儿，撒手吧，我在下面接着呢。让潮水当一回邮递员吧——希望，不会落空的。不用争抢，这是我的。

我是个跑得快的酒鬼——把那些清醒的人全甩在后面。看谁能追上我？酒瓶是我一生的接力棒。拎一只酒瓶我就上路了。在水面上我也能行走——踮起脚尖，怕踢倒什么。我发现水面上有许许多多的漂流瓶，有的是空的，有的是满的——简直不知该捡哪个比较好。我把它们从左手传递给右手，像传递给另一个人——最终弃置脑后。人生啊人生，能够拎一只酒瓶也是好的——证明我不再两手空空。太阳是一只瓶子，月亮是一只杯子。连我的心都是玻璃做成的，心跳都是碰杯的声音。酒鬼的枕头是一只漂流瓶，酒鬼在枕头上漂流。什么时候，一只喝空的酒瓶，被我失手打破——则说明我老了。瓶子里有我的世界。我的世界，破碎了。

小酒店情结

豪华的大酒店令人望而却步，与我辈默契的是星星点点散布于街头巷尾的小酒店——这种小小的奢侈还是能够胜任并且值得的。尤其在外地读书那几年，孤独之时，小酒店简直可以作为家来假设了，它热闹，使人温暖。我去过各地不少大学，几乎所有校园里都有它的存在。我们武汉最受人欢迎的是川味酒店，再陪衬以烈性的小黄鹤楼，对于索然无味的日子不失为有效的刺激。

最初是谁得了奖学金，他所在的寝室就全体出动，仿佛八个人都有份；很晚才面红耳赤地回来，在走廊里吼一嗓子“九月九，酿新酒，好酒出在咱的手”，唤起其他房间的嫉妒。后来每隔一段时间便自己给自己找理由出去改善一次，几个好朋友凑份子下酒馆已成了规律，哪怕剩下的大半个月里啃馒头也毫无怨言……

毕业好几年了，我仍能回想起当时每一次聚餐的情景和原因。我们几乎都是带着微笑跨进那道小小门槛的，哪怕是由于烦恼而来，但每个人都能预见到彼此倾诉之后那份轻松。运动场边一溜小酒店都吃遍了，我们以美食家自居，挑剔、评比起老板们掌勺的手艺来。被选定为根据地的是最东头的“周记”，以至毕业时老板还请我们喝过一顿告别酒。

说起毕业的酒宴，几乎每个毕业生都有过难忘的一次。我还记得那个夏天，运动场边一溜小酒店灯火通明，几乎都被即将分手的毕业生们占据了。世界很大，而一张酒桌很小；沉醉的时候很短，而需要保持清醒的时间很长。或许在剩下的一生里，很难再有机会和缘分如此这般地围坐一处，即使还有，每个人身上又将发生几多变化？那段日子校园小酒店里歌声不断，女生为男生唱的是“哥哥你走西口”，男生为女生唱的是“妹妹你大胆地往前走”……

工作以后和新朋友们照旧爱去街边的小酒店，次数多了就受到女友干涉：“瞧那种地方多不卫生啊，一双筷子都不知多少人用过了。”我没有反驳的理由，但多想跟她讲讲以前给予过我温情的小酒店，以及曾经共坐一桌而今星散四处的老朋友，还有我们那时的热情，我们那时的话题，如果她愿意听的话。

更直接的是生活很忙，很少有闲情逸致去小酒店泡一泡了。偶尔路过难免感叹：难道我和小酒店的缘分就这么完结了？我常思忖负笈外省那几年，何以偏爱具备某种特殊氛围的小酒店——除了它可作为假设中的家，可以享受到与亲情相似的友情，还由于小酒店对我们步履匆匆的生活起着驻足小憩的效用。它实质上是我们情绪上的旅馆，相对于那种年龄里才具备的精神的远游而言。

诗人与酒

诗人们聚会，大抵是要喝酒的——也算是继承李白的遗传。不仅喝酒，而且谈酒——似乎比谈诗还要激动。许多酒后的狂言可圈可点，显醉意也显才情。在场的我听到总默记于心，觉得若这么说完就完了挺浪费的（就像酒精蒸发到空气中），记录下来该多有意思啊，于是无形中成了酒会的秘书。这说明我算是滥竽充数。我是很少醉倒沙场的：并不是因为酒量大，而是每每在醉的边缘总下意识地踩刹车了——戛然而止，想多劝自己几杯都没用。

也许是性格过于清醒吧。从这点看，我不太像个诗人，更适合做哲学家。我曾一脸苦恼地吐露这个苦衷：看来我要使自己醉倒，光靠酒还不行——我心太软，除非打麻药，才能倒也。朋友们借我的妙语又干了一杯：没准你即使被麻倒了，头脑还转得飞快呢。他们总奋不顾身地追求醉的境界——被描绘得跟个小天堂似的。跟他们在一起喝酒，我老觉得自己会像中途变节的叛徒——如同最先在梁山泊落草的王伦，属于一百零八将之外多余的人。这班写诗的朋友，可个个都是酒的忠臣啊。譬如找话题下酒，阿坚就问圆桌边的每个人：此生已醉过多少次——并申明以吐为衡量标准。轮到张弛了，张弛心算良久，最终沮丧地说：实在数不清了。阿坚狡黠地一笑：既然你记不清吐过多少次了，那么你就说说有多少次没吐吧。张弛中计了：你这么一说，就很好统计了，屈指可数吧。

张弛是个逢酒必醉的人——拦也拦不住。他的酒量是有弹性的，跟他的经济状况有关。他做生意发了，就请大家喝洋酒，他一人喝一瓶还能硬撑着，直到亲自动手开了第二瓶，才扑通一声从椅子上滑下来，口若悬河。一觉醒来又喊起了“拿酒来”的口号。他说：喊这个口号时很痛快——终于明白烈士就义前为啥要喊口号了。他不怕醉，就怕不醉——欲醉不醉对于他反而难受得多，那简直上不着天下不着地啊。在条件不许可的情况下，他有许多制造醉的土办法（属于出奇制胜）。譬如有一次买卖赔了，和李大卫、黄燎原凑在一块儿只找出四块钱，在大排档坐下，没敢点菜，只叫了两瓶燕京啤酒，又叫老板找三只喝白酒的那种五钱的小酒盅。三人就你敬我一杯我回你一杯地悠着喝，感觉良好：终于又有酒喝了。边喝边聊，两瓶啤酒也顶了三小时，而且结果很出人意料：“三人都幸福地醉了”（这是张弛的原话）。这三个形式主义者，居然用啤酒创造出白酒的效果。张弛回首这番往事很得意（像个作弊中举的考生）：仿佛不是被酒欺骗了，而是合伙把酒给欺骗了——或者说，自己成功地把自己给骗了。所谓的醉，其实就是一场巧妙而幸福的骗局。欲醉不能，会像试放卫星失败了一样颓唐。

阿坚写东西需要以酒作燃料的，就像开汽车需要加油。而且作品的质量跟酒的度数有关系，度数高点水平就高点。他写诗时一般自斟自饮白酒（够下血本的），为稻粱谋给报纸副刊写随笔则以啤酒应付了事，所以他的随笔较平淡而诗中则不乏神来之笔——我甚至能从不同的诗句中嗅闻出他当时的状况。他甚至戏称自己早晨起床漱口都用的是啤酒。这半生被回收了的空酒瓶，摞起来该可以盖一幢小洋楼了吧——阿坚多次去西藏旅行，他说拉萨随处可见这样的“酒瓶墙”，当地人喝啤酒是一箱一箱地抬，喝完之后也懒得退瓶子，因此收破烂的可发财了。和张弛恰恰相反，阿坚喝醉后一般不吐。他说：吐了之后，可心疼了。原来他全靠这份意志给撑着。我问：那是一种破产的感觉吧？

诗人们酒后大多妙语连珠，各自倾诉对酒的感情——厂商若听了肯定高兴。听着听着，我也有点醉意了——其实我今天喝的只是他们的零头呀。看来酒话也能醉人——听多了，耳朵首先醉了。我高高地举起杯子倡议（开了个天大的玩笑）：从我做起——大家老了之后，就别打制棺材了，直接买一具现成的酒桶得了，也别等别人装咱们了，咱自个儿钻进去——自己把自己给窖藏了。众人听了，都有跃跃欲试的表情。我知道，今天是他们陪我醉了。诗人嘛，做个酒桶也至少比做个饭桶更合乎身份。

酒是诗媒人

某夜，我跟阿坚、狗子等几位文友，在北京南二环外一家清真烤串店喝酒。我们说话的声音较响，把站柜台的老板吸引过来了。他叫穆欣，是个文学青年，对我们聊的话题很感兴趣，有想“入伙”的意思。大家便拉他坐下。他一边“旁听”，手并没有闲着，亲自在桌中央的炭炉上烤了一大把羊肉串，分递给各位。我们品尝了：同样的东西，但就是比我们自己烤的好吃。看来即使是这简单的手艺，也有学问在里面。不说别的，就说老板的动作，比我们也要娴熟得多。但见他把羊肉串在铁炙上铺

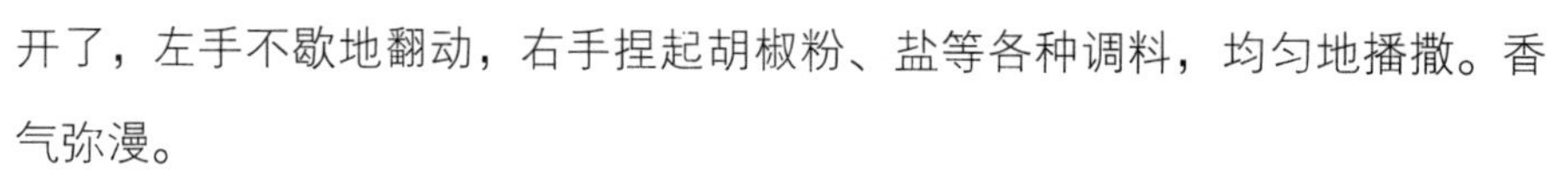

开了，左手不歇地翻动，右手捏起胡椒粉、盐等各种调料，均匀地播撒。香气弥漫。

他见我们吃上瘾了，又添了几盘烤鸡心、羊腰子什么的，说是奉送的。我最难忘的是其中的烤蒜头。想不到蒜头也能烤着吃，而且特有味道。于是大家又一次次地干杯。老板说他这家店原本开在白纸坊，后因拆迁，才搬到景泰桥这一带。碰见我们这一帮“另类”的顾客，也算是缘分吧。

阿坚喝醉后，常会搞一些节目。近来他很热衷于书法，昨天在东直门涮肉，他跟店家讨来杆秃头毛笔，可惜没有墨汁，就以调好的芝麻酱代替，在旧报纸上留了好几幅字（他的字颇好，老家肉饼连锁店的牌匾就是他题的）。今天他跟穆老板碰了一杯，又试探性地问是否有笔墨。老板居然还真给找来了毛笔和砚台，并亲自给磨墨。阿坚正要找纸，老板说：“还用得着纸吗？就题在敝店的墙上吧。”

阿坚认为听错了：“这墙可是刚粉刷的。合适吗？”老板笑眯眯地说：“你们的字，我求还求不来呢。请每人都给题一首诗吧。”

见老板确实非俗人，阿坚也不客气了，笔走龙蛇地在墙上写诗了。我开玩笑：“阿坚怎么跟宋江似的，要在浔阳楼上题‘反诗’了。”趁阿坚写字的功夫，狗子跟服务员要来了土豆，从中间切开，挥动着烤肉的铁钎，就在土豆的

横截面上刻起图章来。阿坚落款的时候，图章也刻好了。我正寻思哪来的印泥呢？狗子已讨来红色的豆腐乳，蘸一蘸，刻有阿坚名字（且是阳文）的图章就盖在了诗的落款处。还挺像那么回事的。服务员以及后院厨房里的师傅，全围过来看。他们恐怕把我等当成微服私访的“扬州八怪”了。

我见阿坚的书法赢得满堂喝彩，也不甘落后，颤巍巍地站上板凳，当场写了一首打油诗：“景泰桥南喜洋洋，风吹草低见牛羊。射月无需弯金弓，拿来一串又一串。”标题是一个“烤”字。我当时恐怕也有醉意，觉得自己像曹植吟五步诗一样潇洒（我的速度可能还要快些）。正孤芳自赏地打量呢，不知谁又替我把图章刻好了，我接过来就盖上去。虽是土豆刻的，攥在掌心，手感还不错。

接着，是狗子等人一一题诗，把两面墙都快写满了。

老板手拿账单走过来了，我以为他要结账呢。可他却抖了抖手上的纸，说自己被气氛所感染，写了一首诗的草稿，可惜没练过毛笔字，请我们替他誊抄在墙上。我至今仍记得前面几句：“是酒不是肉，是追不是求，是盼不是想，是无不是有……”好像也还说得过去。大伙儿你一句我一句地抄了这首诗。阿坚这回又想出新花样，用一张红纸剪了幅窗花，没有糨糊就蘸点碗里的疙瘩汤，代替图章贴在了诗的标题（为《醉》）处，倒也图文并茂。

大家环顾四壁，都挺兴奋，仿佛合作完成了《兰亭集序》。说实话，我写了这么多年诗，还是第一回发表在酒馆的墙上呢。谁赞赏了一句：“这要是在清朝，绝对是一段风流佳话。纪晓岚也不过如此吧？”这话我爱听。虽然明知道这是醉话。但有什么办法呢——听众也已醉了。

后半夜，我们的酒都有点醒了，纷纷谦虚地跟老板打招呼：“可别污染了你新装修的店面？”

“怎会呢？这可都是墨宝呀。”老板不仅毫无怪罪的意思，还挺得意，“今晚跟拍了部电视剧似的，我好歹也是个配角啊。”

我们要付酒钱，老板拒收。他请客了。

莫非他还在醉着?

他开了这么多年的店，恐怕还是头一拨遇见我们这样有情调的客人。

我们不也是如此吗？在北京城里泡了那么多的吧、吃了那么多的店，还是头一回碰上这么有境界的老板。他绝对跟我们一样，也是性情中人。他今天晚上可是一点没少喝。看来确实挺高兴的。

古人云："酒是色媒人。"可惜我们不好色。似可酌情改为："酒是诗媒人。"用现代的口语来说，即"酒是诗的红娘"。

这是我喝得最过瘾的一次酒局：有诗，有酒，有肉，更有朋友。哪样都不缺。

我必须赶紧把它写进文章里。否则时间长了，会怀疑那是梦境呢。

怎么证明不是梦境？最好回访景泰桥南的那家穆记烤串店，看墙上的那些诗、那些字、那些签名与图章，是否还在?

我相信穆老板舍不得把那些痕迹给擦去的。

话又说回来，光靠擦，是擦不去的。

文人菜谱

吃，我是很喜欢的，谈论吃，也是很让人陶醉的。尤其在想做美食家而缺乏必要条件（譬如金钱）的时候，纸上谈兵，脑海里烘托出无数的玉盘珍馐，仍不失为一项乐事。文人好吃，天经地义——用老话说这叫雅好。据说金圣叹被砍头前，留给儿子的遗言是："记住，花生米与豆腐干一起吃，能嚼出火腿的味道。”如果放在日常闲议，并无扣人心弦之处，关键是置身于刽子手的鬼头刀下，仍能对火腿的滋味念念不忘，并像护送传家宝般揭示花生米与豆腐干搭配的秘方，这就叫痴了。但一个文人如果既没有癖，又没有痴，那似乎活得太清洁了，反倒不正常了似的。金圣叹怎么批注的《水浒传》并不重要，我一直在想：花生米与豆腐干，怎么能吃出火腿的味呢？也曾在家中偷偷尝试过一番，并无同感。想来这已不是清朝的花生米了，也不是清朝的豆腐干了。

在北京，我周围的朋友中，古清生是最喜欢烧菜的。他在一次散文座谈会上透露的，他说：这和写文章类似，都讲究色香味，好文章要原汁原味——我不喜欢在街上餐馆吃饭，那些菜味精的气息太浓，我自己做菜从不搁味精，但绝对好吃。《北京文学》编辑部是带厨房的套间，古清生拿到稿费后请客，就是亲自下厨做了一桌湖北风味的酒席。并不是为了省钱，而是显露自己的手艺与心意。系着围裙的老古在烟熏火燎中说烧菜有特殊的快感。有一天晚上，老古和我不谈文学了，而面色微红地追忆自然灾害年间在家乡野地里埋锅烤的叫化鸡。他说出了几本散文集没啥意思，真想编一部菜谱，我说书名就叫《文人菜谱》吧，说不定每一篇都是好散文呢。

我们文联大楼前有一家四川菜馆，招牌是请艾青题写的。来公干的，来投稿的，请客或受邀的——这估计是全中国接待文人最多的餐厅了。我和《诗刊》的邹静之常在这儿碰头。邹静之说：哪怕一个人吃饭，点一盆红油的水煮肉片，加一碗白米饭，辣得满头大汗，真是痛乎快哉。我读到静之一篇随笔，开头即为“好天气、好情绪总能碰到好朋友，中午去楼下喝杯啤酒，碰上老板送个好菜：炒豌豆尖。”不知为什么，静之的音容笑貌在纸上模糊了，我眼前总浮现出一碟烹炒后仍青嫩欲滴的豌豆尖儿，世界仿佛缩小在一只白玉般洁净无瑕的托盘里，安详、生动。静之真是个得道的人，那么容易满足，微不足道的一件小事就使他觉悟到生命的完好。静之对饥饿有刻骨铭心的记忆，他说：

“不知道饥饿的人是不完全的，据说烧知了已成了道名菜，且价格不低。我小时吃过，是用火烤着吃的。现在，我不会想去吃它。”同是知了，但吃的心情不同。曾经饿着肚皮写诗的静之，是受饥饿的教育长大的，“饥荒过后，我依旧对食物有极深的恋情，我多年来吃酥皮点心都用双手捧着，不舍得放弃皮渣”。我忽然觉得一位用颤抖的双手小心翼翼捧着酥皮点心（像捧着圣物）的诗人，可能是最懂得生活的，他对生活怀有热爱粮食的心情。这个慢动作我永远记住了，这简直是在捧着良心啊。

如果真出一部文人菜谱，这可以设计为封面。

杏花村的酒家

2003年清明节前后，去安徽池州参加一个笔会，我先在安庆下火车，然后打了一辆出租车，搭乘轮渡过长江，对岸就是池州了。轮船把十几辆汽车载运到对岸，只花了20分钟。出租车司机跟我聊天，问我是否来过池州，我说没来过。他见我戴副眼镜，像个读书人，大概是为了拉近距离，就提了个文雅的问题：“你一定听说过杜牧吧？”

“是唐朝的那个诗人吗？”我没想到司机也知道杜牧。

“对呀，就是写‘清明时节雨纷纷’的那个。而且告诉你吧，那首诗就是为咱池州写的。”

“照你这么说，杏花村在池州？”说实话，在此之前，我还一直以为杏花村在山西呢，因为汾酒里有一个品牌就叫杏花村。

“杏花村在池州城西。那儿有一口古井，杜牧喝的酒就是这井水酿造的。”

司机见我对此很有兴趣，又说，“我拉你去看一眼吧，反正是顺道。”

我没有表示反对，肚子里的那点文学情怀已经被挑逗起来了。此时正逢清明时节，皖南大地开满一片又一片金灿灿的油菜花，恰巧又刚下过一场春雨，我仿佛成了远道而来的杜牧的化身，而出租车司机，成了当代指路的牧童，他要领我去杏花村呢。那个著名的村落，恐怕正在杏花的掩映下等着我呢。

我来之前还纳闷这个旅游笔会干吗要选择偏僻的池州召开呢，听司机这一介绍，全明白了。

我顾不上先去大九华宾馆投宿，而径直参观了一番当地人修建的杏花村古井文化园（属于杏花村复建工程的一部分），了解到杜牧确实曾在晚唐会昌四年至六年（844—846 年）出任池州刺史，那段时间还写出大量诗篇，其中的《清明》就是这位地方官春游城西杏花村所得：“清明时节雨纷纷，路上行人欲断魂。借问酒家何处有？牧童遥指杏花村。”

杜牧向牧童打听哪儿有酒卖，一首千古绝唱已屏住呼吸隐藏在杏花丛中等着他来摘取。他不仅应该感激牧童，更要感谢美酒。酒是唐朝诗人们灵感的催化剂，浩如烟海的全唐诗，有一大半都散发着酒的香气。唐朝文学艺术的兴旺，似乎应归功于诗与酒的联姻。与李白相比，杜牧至少还算比较清醒的诗人；但他毕竟做过“十年一觉扬州梦”。他来池州，是在梦醒之前，还是梦醒之后呢？他冒着迷蒙细雨走向杏花村，他的名字，就注定将跟李白一样，不仅载入中国的诗史，还将载入酒史。连山西的酒厂都要借助他的诗句打广告呢。

我喝过山西的杏花村酒，味道确实不错。我也跟许多人一样，误以为杜牧是在山西写下《清明》的。直到今天才知道，杏花村至少有两个，而安徽的这一个，才是最正宗的，它是杜牧那首诗的发源地。

我在园内找到了那口唐代古井——又称“黄公井”、“香泉井”。杜牧写

《清明》时喝的酒，就是一位姓黄的老汉酿造的，他当时是这口井的主人，清光绪时《贵池县志》记载：杏花村香泉井，相传香泉似酒，汲之不竭。我俯身井圈低头看了看，井水至今未枯。可别小瞧了这口不起眼的老井，里面不仅有酒，还有诗啊。杜牧是杏花村一位伟大的过客。他仅仅留下一首诗，就使一个村庄出名了。

紧挨着黄公井，现建有一座酿酒坊，使整个院落都弥漫着酒香。旁边还有黄公酒垆，销售新出炉的黄公酒。我踱进去喝了一杯。又买了两小坛，准备带回北方送给一位善饮的诗友。

唉，酒不醉人人自醉嘛。我通过一杯酒而梦回唐朝，而对唐朝充满遐想。

杏花村本地也出过名人。清代贵池杏花村人郎遂，历经 11 年编辑出《杏花村志》十二卷，是唯一一部被收入我国古代最大的一部文献《四库全书》的村志。因而杏花村是全国唯一以村建志的村，又被称为“天下第一诗村”。《杏花村志》中不仅对杏花村的历史、风俗、景物进行详尽描绘，还收录自唐至清历代诗人描写杏花村的古诗文千余篇。

在杏花村，我不禁想这样的问题：究竟酒是诗的媒人，抑或诗是酒的媒人？

杜牧，是杏花村声名远播的一个大媒人。

酒是一口气

汉中出好酒，好酒在洋县。闻香而来，当地接待者领我们这班诗人作家采风，看山看水之余，还连着看了几家酒厂。果然不虚此行，在秦洋长生酒业集团公司，我无意中听到一句话儿，弄懂了从来没想过但也从来没明白的问题：

酒是什么？是啊，酒是什么呀？在这个酒文化源远流长的古老国家，似乎能找到无数的答案。但我在洋县听到的解释，肯定是最生动最简洁且不乏诗意的，可谓触及了酒的灵魂。那是该厂的技术专家，领我们参观白酒的生产过程，在蒸馏车间信口说出的：酒就是一口气。

经过粮食的酿造，冷却后凝聚成酒，被历代诗人赞美为琼浆玉液。但它仍然是一口气儿，一旦挥发，就剩下白开水了。酒本是气体，而非液体，有这口气的水和没这口气的水却大不一样。有这口气仿佛就有了神、有了魂，能感染饮者，使之陶醉。

中国自古是酒国又是诗国，诗酒联姻，留下过大笔的文化遗产。最抢眼的形象代言人就是李白了。李白被称作谪仙人，其诗仙乐飘飘，不乏酒的功劳，他从酒中借来了这口仙气，化作奇思妙想挥洒于天地之间。尤其当这位理想主义的诗人被命运的坎坷挤压得喘不过气来之时，酒默默地给他提供“人工呼吸”，使之百折而不挠。李白若无酒之神助，其光辉恐怕要打一半折扣。若再不写诗，他就彻底是平凡人。沾了酒的光、沾了诗的光，他才造就了自己，成为流芳百世的诗仙兼酒仙。

作为当代的诗人，我能说得清诗是什么吗？在洋县的酒厂，我还捎带着为诗找到一个美妙的答案。正如酒是一口气，诗也是一口气。这口气叫诗意。诗意才是诗的精气神，也是诗人的灵魂。没有诗意，诗人就不配叫作诗人了，而还俗成了普通人。没这口气儿，诗人就不会有那么多感慨，也很难妙笔生花。没有诗意，写出的只是文字，不能叫作诗。

诗跟酒一样，好像平静如水，却又热情似火。看上去只是文字的排列组合，却潜伏着一股气流。这口气既是诗人创作的原动力，又能对读者构成感染力乃至影响力。有时候大气磅礴，有时候清风徐来。没这口气还真不行呢。没有诗意，许多创造性思维、创造性行为就无法诞生，人类的历史与生活将何其苍白何其贫乏。有这口气就大不一样了，人才真正进化成了人，在精神上站了起来。用海德格尔的话来说就是:“人，诗意地栖居在大地上。”弄懂了酒是什么就弄懂了诗是什么，弄懂了诗是什么就弄懂了人是什么。人活一口气啊。

就像酒来自于五谷杂粮，诗来自于现实，是生活原材料的升华，又使人类的精神生活上升到审美的境界。有理想才有诗意。有诗意才可以深呼吸。学会在精神上深呼吸的人，才可能超越自我。说白了，有诗意才有创意。

说诗是诗人才有的特异功能，错了，诗是每个人都具备的潜能，只不过诗人把它给发掘出来了。任何一个有情感、会思想的人，都与诗一纸之隔，稍微用点力就可以捅破。关键是他们常常活了一辈子，都不知道诗就住在自己心灵的隔壁，还认为诗只是属于别人的事情，是属于诗人的事情。诗确实是诗人写出来的，但并不仅仅对诗人有意义。无论谁，只要他渴望诗意的生活，就是一个潜在的诗人。诗不是个别人或少数人的专利，它属于全人类，是人类精神活动中最高级的，也是最值得骄傲的。没有纸笔甚至还没有文字的远古，原始的诗人就诞生了，当他凝视着星星、月亮或身边的一朵花发呆的时候……那虚无缥缈的想法，就是最初的诗意，或诗的雏形。

梁实秋，中华饮食文化的“传教士”

梁实秋（1903年1月6日—1987年11月3日），生于北京，1923年8月清华学校毕业后赴美留学，1924年到上海。1949年到台湾，任台湾师范学院（后改师范大学）英语系教授，1966年退休。一度偕妻子旅居美国，1974年其妻辞世后重返台湾。梁实秋以人性作为文学的核心与唯一标准，一再强调："文学发于人性，基于人性，亦止于人性。"梁实秋的书，最让我感到亲切的是《雅舍谈吃》。在雅舍谈吃，不仅一点不俗，不仅未落俗套，还把大俗升华到大雅，我甚至读出了淡淡的哀愁。他是带着一种乡愁来重温记忆里的美食，中间不仅隔着拉不回的时间，还隔着望不穿的空间，又岂止是一道海峡乃至整座太平洋所能形容？故乡，回不去了；童年，回不去了；能回的，只剩下记忆了。可这记忆也终究要丧失的。幸好，文字还是可靠的，梁实秋用文字来为美好的回忆结绳记事。如今，这位热爱生活的老人也不在了，可他的记忆并没有失传，他的爱并没有失传，那些系成心结的文字仍然带有他的体温。

梁实秋的幼女，现定居于美国西雅图的梁文蔷回忆："我在台湾与父母一起生活了10年，因为哥哥姐姐的失散，成了'独生女'。我们经常坐在客厅里，喝茶闲聊，话题多半是'吃'。话题多半是从当天的菜肴说起，有何得失，再谈改进之道，话题最后，总是怀念在故乡北京时的地道做法，然后一家人陷于惆怅的乡思之情。"

读梁实秋的《雅舍谈吃》，便会发现，美食家并不见得全是贵族，也有穷人，甚至可以说，清贫的美食家更能深谙其味。饱食终日的富豪，味蕾也变得迟钝了。这其实是一种个人化的精神追求：有物质条件自然如虎添翼，没有条件的话也不会死心——宁可创造条件。举个例子：梁实秋有个亲戚，属汉军旗，又穷又馋，冬日偎炉取暖，百无聊赖，恰逢其子捎回一只鸭梨，大喜，当即啃了半只，随后就披衣戴帽，寻一只小碗冒着大风雪出门而去。约一小时才托碗返回，原来他要吃榅桲拌梨丝，找配料去了。从前酒席，饭后一盘榅桲拌梨丝别有风味（没有鸭梨的时候白菜心也能代替）。老人家吃剩半只梨，蓦然想起此味，不惜在风雪之中奔走一小时，以促成自己的愿望。梁实秋说："这就是馋。"馋比饿更难对付，它是一种瘾。所谓美食家，瘾君子也，有瘾而不得满足，痛苦哉。求贤若渴如能达到这种境界，是民族大幸也；但换个角度来说，一个社会，如果人人都有条件或权利做美食家，人人都能像美食家那种热爱生活并且玩味生活，同样是民族的大幸。梁实秋讲述的是老北京的故事，那老头馋瘾发作之时，像个孩子，像孩子一样天真。民以食为天，但孩子的馋与美食家的馋绝对是两种境界，后者应该属于文化了。所谓的饮食文化，基本点是对付饿，但最高境界则是对付馋的。这是一种解馋的文化，美食的"美"和美学的"美"，是同一个字。

对于北京的传统小吃，文人自有不同的态度。譬如梁实秋与周作人，就各持褒奖与贬斥之一端。周作人处世为文都以超脱与宽容自命，偏偏对北京的茶食倍加挑剔（几近于吹毛求疵），并且丝毫不对这座名城掩饰自己的遗憾。梁实秋则与之相反，对北京的小吃大加赞美，甚至连小贩的吆喝声在他听来也抑扬顿挫、变化多端，类似于京剧情趣盎然的唱腔。他还专门写过一篇《北平的零食小贩》，完全凭借记忆罗列了数十年前北京城里的风味小吃：灌肠、羊头肉、老豆腐、汆面饺、豌豆黄、热芸豆、艾窝窝、甑儿糕、豆渣糕、杏仁茶……我边读边数，计有数十种之多。但他仍然强调："以上约略举说，只就记忆所及，挂漏必多。"这篇文章本身就是一首声情并茂的赞美诗，或理解为

对北京传统小吃执拗的敬礼，简直不像出自一位大学者之手。他回忆遥远的零食时肯定怀着一颗顽固的童心。

我很纳闷：都是一代文豪，对待同一事物的看法，为什么却有天壤之别？联系到他们各自的身世，才得出答案。周作人是从风物世情皆滋润雅致的江浙鱼米之乡远道而来，即使是评判京华的小吃，也无法调整其外乡人的视角，自然是挑剔的食客。南北风味本身即不可调和，何况淡淡的乡愁又不时触动他对异乡食物的偏见或不相适应，在饮食习惯上也就很难移情别恋、入乡随俗。至于梁实秋，是土生土长的北京人，推荐旧北京城里沿街贩卖的各色零食时自然如数家珍，那里面维系着多少儿时天真的快乐，已成为记忆中最久远的财富。况且他写《北平的零食小贩》时已是暮年，又远在千里之外的台湾，哪怕是最粗糙的往事，也会被岁月消磨得光滑可鉴，更别提是故乡口味独特、堪称传统的美食了。可以说是故乡的美食促成了他这篇美文。

他谈论北京的零食自始至终都洋溢着主人的自豪，对故乡特有的食物如此（譬如他强调“面茶在别处没见过”，或“北平的酪是一项特产”），对各地俱有的也如此，他会进而辨别各自滋味的高下，譬如“北平的豆腐，异乡川湘的豆花，是哆里哆嗦的软嫩豆腐，上面浇一勺卤，再加蒜泥”，以及“北平油鬼，不叫油条，因为根本不作长条状……离开北平的人没有不想念那种油鬼的。外省的油条，虚泡囊肿，不够味，要求炸焦一点也不行。”“北平酸梅汤之所以特别好，是因为使用冰糖，并加玫瑰木樨桂花之类”，甚至杏仁茶也是“北平的好，因为杏仁出在北方”。至于沿街兜售的切成薄片的红绿水萝卜，“对于北方猥在火炉旁边的人特别有沁人脾胃之效”，梁实秋特意用了八个字来形容：“这等萝卜，别处没有。”这很明显有一种爱屋及乌的情绪了，思乡而兼及于故乡的一切。在他那篇美文中，我不知道北京的美食是否是他不吝笔墨美化的结果，但仅仅作为读者，我已油然有向往之情。

我曾对照梁实秋的《北平的零食小贩》，在北京徒步勘探。有些小吃终于一见庐山真面目，并没让我失望，难怪老先生描述得美不胜收呢。但也有少数，怎么也找不见，譬如所谓的甑儿糕之类，不会已失传了吧？我只能永远靠想象去体会了，体会其被文字渲染的风采。梁实秋本人也承认：“数十年来，北平也正在变动，有些小贩由式微而没落，也有些新的应运而生，比我长一辈的人所见所闻可能比我要丰富些，比我年轻的人可能遇到一些较新鲜而失去北平特色的事物……这些小贩，还能保存一二与否，恐怕在不可知之数了。但愿我的回忆不是永远的成为回忆！”对于那些确实消失的小吃，应该感谢文人忠实的记载。文字毕竟比记忆要长寿与持久，否则我辈如何知晓它们曾存在过呢，并且抚慰过一代人的忆念？

豆汁被老北京人夸耀为好东西，系用发酵的绿豆汤熬煮的既酸又带霉味的稠黏的热汤，常喝的人像上瘾似的，对此孜孜不倦。豆汁在北京本地小吃中最有代表性，在清朝与民国年间极流行。在台湾岛上不忘豆汁的，大有人在。梁实秋算一个。在《雅舍谈吃》一书里，他纵横评述天下美食，豆汁是不可能缺席的（哪怕只是在想象中存在），那是他对故土的一个斩不断理还乱的念头。尤其值得重视的是他的评价："北平城里人没有不嗜豆汁者，但一出城则豆渣只有喂猪的份，乡下人没有喝豆汁的。外省人居住北平三二十年往往不能养成喝豆汁的习惯。能喝豆汁的人才算是真正的北平人。"豆汁居然还有类似试金石的功效：它是北京人的专利，又是外地人无法培养的嗜好。

甚至对喝豆汁时的气氛，乃至配料，梁实秋也一一加以回忆："坐小板凳儿，围着豆汁儿挑子，啃豆腐丝儿卷大饼，喝豆汁儿，就咸菜儿，固然是自得其乐。府门头儿的姑娘、哥儿们，不便在街头巷尾公开露面，和穷苦的平民混在一起喝豆汁儿，也会派底下人或者老妈子拿沙锅去买回家里重新加热大喝特喝。而且不会忘记带回一碟那挑子上特备的辣咸菜，家里尽管有上好的酱菜，不管用，非那个廉价的大腌萝卜丝拌的咸菜不够味。"咸菜作为豆汁的伴侣，说简单也简单，说重要还真不可或缺："佐以辣咸菜，即棺材板切细丝，加芹菜梗，辣椒丝或末。有时亦备较高级之酱菜如酱黄瓜之类，但反不如辣咸菜之可口，午后啜三两碗，愈吃愈辣，愈辣愈喝，愈喝愈热，终至大汗淋漓，舌尖麻木而止。"

在现实中，豆汁的滋味，离他很近，又很远。那是属于前半生的滋味吧？看来喝豆汁真会上瘾的。梁实秋，真乃豆汁之瘾君子也。可惜梁实秋他后来再也没有机缘回北京喝豆汁了。这不能说不是他生命里一个小小的遗憾。他在文章中叹息："自从离开北平，想念豆汁儿不能自已。"我觉得，与其说他爱豆汁，莫如说更爱的是原汁原味的老北京。与其说他嗜好豆汁的滋味，莫如说嗜好的是北京的滋味。这中间肯定有一层"爱屋及乌"的意思，增添了豆汁的魅力。在他心目中，豆汁无形中已成为故乡的象征。正如鲁迅先生所言：让幼小时喜欢吃的那些东西，蛊惑我们一辈子吧。与其说这是食物的蛊惑，莫如说是乡情的蛊惑。

梁实秋怀念老式的烤鸭："北平烤鸭，除了专门卖鸭的餐馆如全聚德之外，是由便宜坊（即酱肘子铺）发售的。在馆子里亦可吃烤鸭，例如在福全馆宴客，就可以叫右边邻近的一家便宜坊送了过来。自从宣外的老便宜坊关张以后，要以东城的金鱼胡同口的宝华春为后起之秀，楼下门市，楼上小楼一角最是吃烧鸭的好地方。填鸭费工费料，后来一般餐馆几乎都卖烧鸭，叫作叉烧烤鸭，连焖炉的设备也省了，就地一堆炭火一根铁叉就能应市。同时用的是未经填肥的普通鸭子，吹凸了鸭皮晾干一烤，也能烤得焦黄绷脆。但是除了皮就是肉，没有黄油，味道当然差得多。”有人到北京吃烤鸭，归来盛道其美，梁实秋问他好在哪里，那人说："有皮，有肉，没有油。"梁实秋告诉他："你还没有吃过北平烤鸭。"

梁实秋分析北平烤羊肉为何以前门肉市正阳楼为最有名："主要的是工料细致，无论是上脑、黄瓜条、三叉、大肥片，都切得飞薄，切肉的师傅就在柜台近处表演他的刀法，一块肉用一块布蒙盖着，一手按着肉一手切，刀法利落。肉不是电冰柜里的冻肉（从前没有电冰柜），就是冬寒天冻，肉还是软软的，没有手艺是切不好的。"他还拿烤肉宛烤肉季来比较："正阳楼的烤肉炙子，比烤肉宛烤肉季的要小得多，直径不过二尺，放在四张八仙桌子上，都是摆在小院里，四围是四把条凳。三五个一伙围着一个桌子，抬起一条腿踩在条凳上，边烤边饮边吃边说笑，这是标准的吃烤肉的架势。不像烤肉宛那样的大炙子，十几条大汉在熊熊烈火周围，一面烤肉一面烤人。女客喜欢到正阳楼吃烤肉，地方比较文静一些，不愿意露天自己烤，伙计们可以烤好送进房里来。烤肉用的不是炭，不是柴，是烧过除烟的松树枝

子，所以带有特殊香气。烤肉不需多少作料，有大葱芫荽酱油就行。”当然，正阳楼的烧饼也是一绝，与烤羊肉构成绝配：“薄薄的两层皮，一面粘芝麻，打开来会冒一股滚烫的热气，中间可以塞进一大箸子烤肉，咬上去，软。普通的芝麻酱烧饼不对劲，中间有芯子，太厚实，夹不了多少肉。”

梁实秋在青岛住过四年，想起北平烤羊肉馋涎欲滴。可巧厚德福饭庄从北平运来大批冷冻羊肉片，他灵机一动，托人在北平专门订制了一具烤肉炙子：“炙子有一定的规格尺度，不是外行人可以随便制造的。我的炙子运来之后，大宴宾客，命儿辈到寓所后山拾松塔盈筐，敷在炭上，松香浓郁。烤肉佐以潍县特产大葱，真如锦上添花，葱白粗如甘蔗，斜切成片，细嫩而甜。吃得皆大欢喜。”他离开青岛时把炙子送给同事赵少侯，“此后抗战军兴，友朋星散，这青岛独有的一个炙子就不知流落何方了。”

梁实秋对北方最普通的大白菜都念念不忘，说华北的大白菜堪称一绝：“山东的黄芽白销行江南一带。我有一家亲戚住在哈尔滨，其地苦寒，蔬菜不易得，每逢阴年请人带去大白菜数头，他们如获至宝。在北平，白菜一年四季无缺，到了冬初便有推小车子的小贩，一车车的白菜沿街叫卖。普通人家都是整车的买，留置过冬。夏天是白菜最好的季节，吃法太多了，炒白菜丝、栗子烧白菜、熬白菜、腌白菜，怎样吃都好。”

在那个古风犹存的时代，各地都有春天吃饼的习俗。梁实秋所谈的春饼，专指北平的吃法，且不限于岁首：“吃一回薄饼，餐桌上布满盘碗，其实所费无多。我犹嫌其麻烦，乃常削减菜数，仅备一盘熟肉切丝，一盘摊鸡蛋，一盘豆芽菜炒丝，一盘粉丝，名之曰简易薄，儿辈辄欢呼不已，一个孩子保持一次吃七卷双张的记录！”他把吃春饼当作一种仪式在家常生活中保留着。

梁实秋不只讴歌北方的饮食，对南方的美味也无偏见。我一直视之为北京人，其实他的祖籍却是浙江杭县（今余杭）。出于血液里对老家的认同，他对金华火腿颇有感情，特意写过一篇以《火腿》为题的文章："一九二六年冬，某日吴梅先生宴东南大学同人至南京北方全，予亦叨陪。席间上清蒸火腿一色，盛以高边大瓷盘，取火腿最精部分，切成半寸见方高寸许之小块，二三十块矗立于盘中，纯由醇酿花雕蒸制熟透，味之鲜美无与伦比。先生微酡，击案高歌，盛会难忘，于今已有半个世纪有余。”而这对于他个人来说，也相当于半辈子了。火腿的滋味，几乎可以漫延他的一生。况且他是在台湾孤岛上，回忆大陆的火腿，思念中的火腿肯定比黄金制作的还要昂贵。他回忆上海大马路边零售的切成薄片的天福字熟火腿，用了这样两句话："佐酒下饭为无上妙品。至今思之犹有余香。”他得到一只货真价实的金华火腿（瘦小坚硬，估计收藏有年），持往熟识商肆请老板代为操刀劈开。火腿在砧板上被斩为两截，老板怔住了，鼻孔翕张，好像嗅到了异味，惊叫："这是道地的金华火腿，数十年不闻此味矣！”嗅了又嗅不忍释手，并要求把爪尖送给他。梁实秋在市井中总算遇见同好了，赞赏老板识货，索性连蹄带爪一并相赠。喜出望外的老板连称回家后好好炖一锅汤喝。这就是真正的金华火腿，连边角料都使人如获至宝。这才是真正的美食家，一锅火腿蹄爪煮的汤就使他欣喜若狂，畅饮之后没准三月不知肉味。

梁实秋还说，火腿是南方人的至爱，北方人不懂吃火腿，嫌火腿有一股陈腐的油腻涩味，总觉得没有清酱肉爽口……不知这是什么原因？由此也可约摸推算出两者审美观与价值观的区别。追求空灵虚幻的闲适文人，还是适宜生存在南方。北京人是务实的，他们或许更重视大碗喝二锅头大块吃清酱肉。梁实秋并不排斥清酱肉，但他还是为火腿做了适当的辩护：“只是清酱肉要输火腿特有的一段香”。这种绕梁的余香正是火腿的奥妙。

余香绕梁，余味绕梁，余音绕梁，使梁实秋心旌摇荡，歌之咏之，无意识地成为中华饮食文化的一位“传教士”。

后记

中国人是最讲究吃的，所以古代的谚语即有“民以食为天”——甚至帝王将相也不敢违抗这条真理。譬如领兵出征，同样要牢记“粮草先行”。数千年以来，中国的饮食不仅已形成一种文化，而且堪称所有文化的潜在基础（或称物质基础）。不管对于其创造者或鉴赏者，都无法回避吃饭的问题。开个玩笑：李白若没有酒喝，是否能给唐朝锦上添花，留下那么多首好诗？至少，会失去一个飘飘欲仙的传奇。或者说，唐朝若没有佳酿，诗人们的数量与质量是否会大打折扣？唐诗三百首很明显不是靠白开水兑成的，至今捧读仍像刚刚启封的陈年老窖……我的意思是，不要以为饮食是一种不登大雅之堂的文化，更不要以为饮食与文化无关。早在春秋战国时代，陶醉于百家争鸣的哲学巨人们，在这个问题上倒出人意料地发表了比较一致的观点。老子说：“五味令人口爽”。孔子说：“食不厌精，脍不厌细”。孟子除了说“口之于味，有同嗜焉”，还在自己的著述中引用过告子的话：“饮食男女，人之大欲存焉”。还有一句较著名的“食、色性也”，是他们中的谁说的，我一下子记不清了。总之，中国古代的哲学家们绝非苦行僧、清教徒或素食主义者，这是毫无疑问的。否则，深受其影响的传统文化，也不会成长得如此健康、茁壮和丰满，获得自成体系的满足。

再开个玩笑：唐朝的伙食若不好，不仅养不起那些耍嘴皮子的诗人（相当于时代的门客），更出不了以杨贵妃为首的一系列美女，或者说，更不会“以胖为美”。一个时代的审美观将改写了。捉襟见肘的朝代，其文化肯定也是憔悴的。

当然，“朱门酒肉臭，路有冻死骨”的现象，在中国历史上也很难避免。听李时人说过一席话，令我在连云港的酒楼上停杯投箸：“公元一八八六年八月，清政府的全权代表李鸿章在美国举办答谢宴会，一道道色香味形俱全的中国菜点使到场的美国总统富兰克林和所有的西方人无不惊叹不已，可是当时的中国实际上贫弱至极，挣扎在饥饿线上的人口何止千万。”记得好像是鲁迅说过：“中国菜世界第一，宇宙第N，但是中国还有人靠舔黑盐吃饭，还有人连饭也没有吃……”他还强调：“饮食问题，不仅可以反映社会的物质文明程度，也可以反映出一定社会的社会状况以及暴露种种社会痼疾。”饮食文化似乎也可扩大到社会学的范围。可以是辉煌的，也可以是腐朽的。满汉全席固然使西人叹为观止，但清朝的国力恰恰孱弱到失去自尊的地步，其政治与文化的没落，并不能因一席豪宴挽回面子。餐桌上的虚荣心或胜利感，掩饰不了自己的版图被列强蚕食的事实。这是一个令我听起来深感痛心的典故，构成中国数千年饮食文化的一道伤口。

由此我仿佛目睹中国漫长的封建时期繁华背后的阴影。大多数中国人，诚如鲁迅所形容的“孺子牛”：“吃的是草，挤的是奶”。而昏庸的统治阶层，似乎天生就靠喝奶、吸血乃至变相地“食人”而存活的。难怪鲁迅要借《狂人日记》控诉那“人吃人”的社会。民脂民膏，真是一个太形象的比喻。在中国古代，有太多铺张浪费、争奇夸富的例子用来证明饮食的堕落，不仅仅是文化的堕落，更是政治的堕落。

中国人的吃啊，真是五味俱全。我的这番额外的咏叹，不过是洒一点辛辣的调料。

再回到正题上来。谈谈中国人的吃，中国人在饮食上的态度与风格。正如其凡事皆是完美主义者，饮食方面也不例外，透射出东方式的严谨、滋润与考究，还不乏浪漫精神。中国是出美食家的国度，历朝历代美食家的人数，估计比政治家、思想家、文学家、军事家等的总和还要多。美食家之令人羡慕的程度，比起艺术家来也毫不逊色，甚至他更像是某种“行为艺术家”，或者说享受型的艺术家，具备着潇洒、超脱、乐观的人生态度。在我想象中，美食家肯定是享乐主义者，否则他如何把注意力全部集中在室内、案头、盘中乃至舌尖呢？窗外的风声雨声是凡俗之辈难以忽略的。大多数中国人，皆有做美食家的愿望（哪怕是潜意识里），只可惜并非人人都能具备其能力与境界。做个纯粹的美食家是很难的。挑剔生活，也是需要本事的。

但这不妨碍中国人以美食家的态度来尽可能地提炼、完善自己的日常生活，包括安排自己的节日。中国人的节日，最明显地体现在饮食上（譬如端午节的粽子，谁能否认它的文化含量）。饮食简直构成他们所理解的幸福的基本标准。或者说：每一次丰盛的宴席，都可能构成他们内心小小的节日、无名的节日。至少，会烘托出某种节日的气氛。

中国人的吃，不仅是满足胃的，而且是要满足嘴的，甚至还要使视觉、嗅觉皆获得满足。所以中国菜的真谛，就是“色、香、味、形”俱全，包括还有营养学方面的要求（“膳补”比“药补”更得人心，两者的结合又形成了“药膳”）。从这个意义上看，中国人既像厨师，又像大夫，还带点匠人或艺术家的气质。他们把自己照顾得很好。在饮食方面，他们指望的是物质与精神的双重满足。因而在这座星球上，中国的饮食有着最丰富、最发达的理论体系——估计也只有中国才能产生“美食家”这样庄严的名称。中国人的吃之所以不同凡响，在于其不仅重视实践，而且重视理论；以理论指导实践，而且在实践中总结理论……中国的厨师肯定是记忆力最好的厨师，而且富于创造性。正如汉字是最复杂的文字（由繁体字变成简化字了，仍然复杂），中国的菜谱若全部搜集、打印出来，肯定是全世界最厚的。靠这么厚的菜谱，养活着一代又一代的中国人。中国人的饮食，其实是舌尖上的节日，舌尖上的狂欢节。

19 世纪末，美国传教士明恩溥注意到了中国人对年饭的重视：“中华帝国疆域辽阔，各地风俗差异很大，但很少有一个地方在春节时会不吃饺子或类似的食物，这种食物就如同英格兰圣诞节上的葡萄干布丁，或是新英格兰感恩节上的烤火鸡和馅饼。与西方人相比较，在食物的质和量上不加节制的中国人是相当少的。中国的大众饮食总的说来比较简单，甚至在家境允许全年享用美食的地主家中，我们也不会经常见到他们如此奢侈。在食物上的代代节俭可以说是中国人的显著特点。'好好吃上一顿'通常用来指婚礼、葬礼或其他一些不可缺少美味佳肴之场合的事情。但这并不影响中国人为年饭所做的尽可能充足的准备，仿佛他们辛苦一年全为了迎接这一顿饭，中国家庭中每个成员在期待年饭时都自得其乐，当他们专心品味所有能够放入嘴中的美食时，更是大得其乐，即使平时回忆起年饭各式菜色，也是同样的快乐无比。所有这些对西方人而言充满着启示和教益，原因就在于西方人平时有太丰富的食物可供享用，他们因此而对'饥者口中尽佳肴'少有体会……"应该承认，在很长一段时间里，饮食确实构成中国老百姓生活中的最大乐趣，甚至物质的贫穷也未能完全抵消他们精神的富有，而这种精神的富有与他们对美食所抱的长盛不衰的激情与向往有关。如果缺乏了这份激情，旧中国的老百姓日常生活将显得黯淡与平庸了许多。对于中国人而言，口福就是幸福的一部分，饮食是一座最容易兑现的天堂，或者说是通向天堂的捷径。

中国人吃饭，吃的是概念。或者用一种通俗的说法：吃的是文化。这使饮食问题带有了社会性（甚至艺术性），而不再仅仅是一项形而下的生理活动。

日本人饱食终日，自然把饮茶的过程，也提炼为向哲学靠拢的茶道，有点在清风、明月、插花与器皿中求真理的意思。中国人则更了不起，把一日三餐都当作兢兢业业的功课了，煞费苦心，追求着那令人拍案称绝的艺术效果。"好吃极了！"是较流行的一句赞美用语。所以，美食家的虔诚丝毫不亚于画家或雕塑家，对美的体会甚至更全面：色、香、味。连深藏不露的舌头都调动起来了，成为鉴赏的工具。

当一席大菜和盘托出，井然有序地布置在餐桌中央，简直就像揭开了蒙在某一尊艺术品上面的幕布，不时能听见一两声由衷的喝彩。当然，这是躲在后台掌勺的厨师所期待的。宾客们举杯相庆，仿佛在进行小小的剪彩仪式。然后就各司其职，频频挥动蜻蜓点水的筷子。金圣叹评《水浒传》，脂砚斋评《红楼梦》，也不过如此吧：在字里行间作点小楷的眉批。不管是冷盘还是炒菜，最终都必须经得起筷子的“酷评”。

在中国，每一桌宴席的推出，都笼罩着新船下水般的热烈气氛。而每一位食客，都是动作熟练的老水手，或者说，都是潜在的评委。难怪开餐馆的老板，都很会看客人的脸色。看客人的脸色就能了解到厨师的水平。中国文化的最高境界，就是一个“喜”字。这也是中国人最热爱的一个汉字。而吃饭是最能烘托出这种喜气的。喜气洋洋，东道主自然满意。传统的喜宴，被清代的满汉全席发挥到极致。从其名称即能感受到“民族大团结”的意味，“强强联合”的意味。正宗的满汉全席要连吃三天三夜，菜肴不重复。这是具有中国特色的狂欢节：一场饮食文化的马拉松！吃饭，在中国是最日常的仪式，是最密集的节日。

信奉基督的西洋人就餐前习惯在胸前画十字，念叨一句“上帝保佑”，感谢上帝赐予的面包与盐，大多数中国人都是无神论者，把酒临风时反而充满了当家做主的感觉。饱餐一顿（若能持螯赋诗就更好了），是离他们最近的一种自由。由此可见，这个民族宗教感匮乏，艺术气息却很浓郁。在我想象中，美食家都是一些继承古老传统的民间艺术家。

西餐折射出私有制的影子，各自为政，管理好自己的盘子，使用刀叉是为了便于分割利益。中餐则体现了最朴素的共产主义。中国人围桌而聚，继承了原始氏族公社的遗传基因，有肉大家吃，有酒大家喝，人人皆可分一杯羹。大锅饭的传统很难打破。好在中国的饭桌也是最有凝聚力的地方，有福同享、有难共担的绿林好汉作风颇受欢迎。中国人通过聚餐就能产生四海之内皆兄弟、天下大同的幻觉，这种虚拟的亲情毕竟大大增进了食欲。所以中国人吃饭，也是在吃环境，吃气氛，甚至吃人际关系。边说边吃，边吃边听。这是一种超越了吃的吃。我一直认为中国人的吃是最有情调的，最有人情味的。

中国人有四大菜系八大风味。川菜、粤菜、湘菜、齐鲁菜、淮扬菜、东北菜乃至上海本邦菜……仿佛实行军阀割据似的。但在我眼中，这更像在划分艺术流派。出自圣人之乡的齐鲁菜，称得上古典主义。缠绵悱恻的淮扬菜，属于浪漫主义。假如说辛辣的湘菜是批判现实主义，麻辣的川菜则算魔幻现实主义了，一粒花椒，有时比炮弹还厉害，充分地调动起我们舌头的想象力。当然，也可以用别的方法换算：上海菜属于杨柳岸晓风残月的婉约派，东北菜则相当于大江东去、浪淘尽千古风流人物的豪放派……

我喜欢琢磨一系列特色菜名：宫保鸡丁、鱼香肉丝、麻婆豆腐、夫妻肺片、咕噜肉、梅菜扣肉、素什锦、糖醋里脊、豆瓣鱼、白斩鸡、地三鲜、拔丝菠萝……就像在玩味隽永生动的词牌：菩萨蛮、忆秦娥、浣溪沙、虞美人、临江仙、蝶恋花、满江红、雨霖铃、一剪梅、鹊桥仙、沁园春、青玉案呀什么的。毫不夸张地说，这些或雅致、或俗俚、或温柔、或高亢的菜名，经历了亿万人传诵、千百年陶冶，本身就如同一阕阕吸风饮露的“如梦令”。比梦还要豪奢、还要飘逸的中国菜哟！

我曾经有一个理想，开一家词牌餐馆，用词牌来命名各种新旧菜肴，譬如将水煮鳝鱼改称为水龙吟，将酸菜鱼改称为渔家傲，将辣子鸡改称为贺新郎，将小葱拌豆腐改称为念奴娇，将烤乳鸽改称为鹧鸪天，将冬瓜连锅汤改称为西江月，甚至将油炸花生米改称为卜算子，将沙锅鱼头改称为水调歌头……后来想一想，觉得太复杂，还是算了。况且像蚂蚁上树、狮子头、地三鲜、灯影牛肉呀什么的，是没法改的，它们本身就很有诗意了。许多菜名都有一种浑厚古朴之感，一改就没味了。譬如某皇帝将民间的青菜豆腐肉丸汤赐名为珍珠翡翠白玉汤，精美有余，但毕竟显得雕饰与做作。我最好还是别向那傻皇帝学习。

某些菜名之所以不同寻常，在于是有典故的。我们在吃菜的同时，无形中也在吃典故，用筷子就能把它晃晃悠悠地夹起来。譬如在叫化鸡弥漫的香气中，分明还晃动着那位无名的乞丐的身影——他哪是在乞讨呀，分明是给后人施舍了一道美味。还有东坡肉（以及东坡肘子），很明显沾了宋朝那位大词人的光。而我们也在吃他老人家的遗产，吃他的名气。苏东坡的作品中确有一首《猪肉颂》（足以证明东坡肉不是讹传）："净洗铛，少着水，柴头罨烟焰不起。待他自熟莫催他，火候足时他自美。黄州好猪肉，价贱如泥土，贵者不肯吃，贫者不解煮。早晨起来打两碗，饱得自家君莫管。"苏东坡无形中担任了红烧肉的形象大使，作了近千年的广告。我一向以为：苏学士有两大造福于平民百姓的功绩不可磨灭，其一是在杭州西湖修筑的苏堤，其二则是为中国饮食文化贡献了"东坡肉"，这确实是另一种意义的"咕噜肉"。英雄所见略同，当代也出过一个爱吃红烧肉的伟人：毛泽东。他相信肥腻的红烧肉补脑，使人聪明。毛泽东的诗歌，在豪放程度上一点不比苏东坡逊色。最有意思的是，他甚至有勇气把"土豆烧牛肉"写进词里。在全国各地以毛家菜或韶山菜为金字招牌的湘菜馆，都会把毛氏红烧肉推举为主打项目。

你能说吃中国菜，不是在吃文化吗？文化是比油盐酱醋、姜蓉葱花更重要的调味品。洒那么一点点文化味精，你就能吃出别样的感觉。